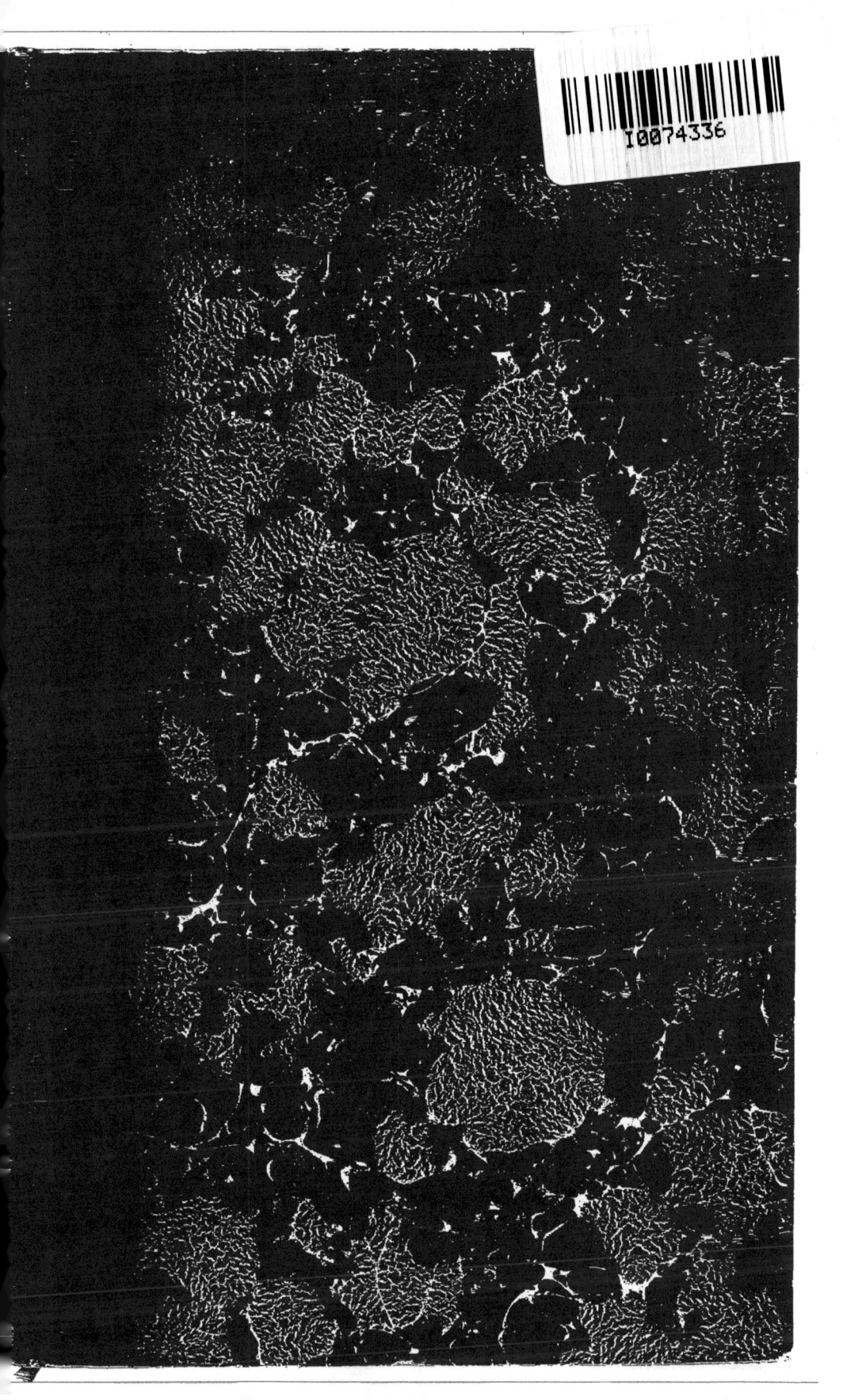

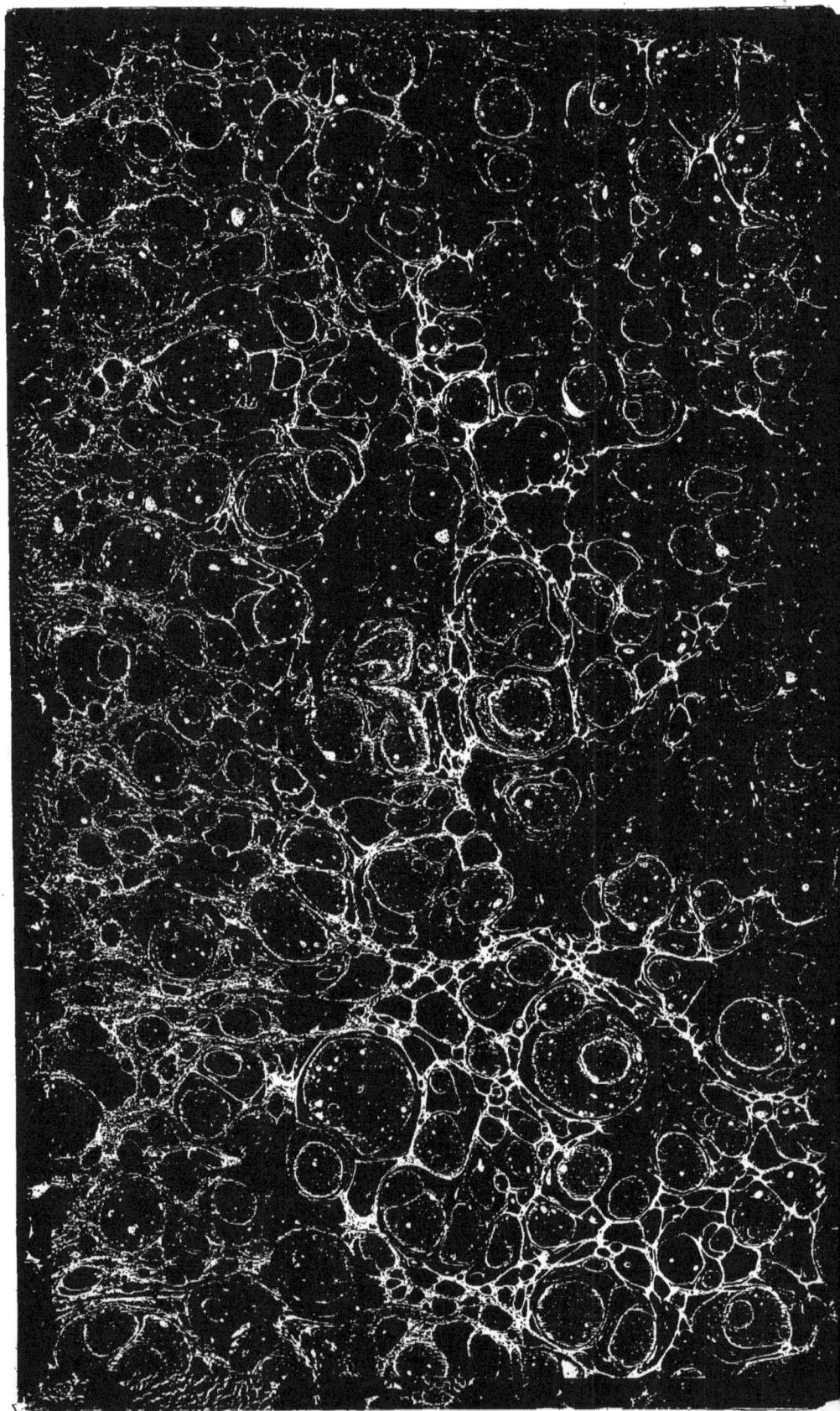

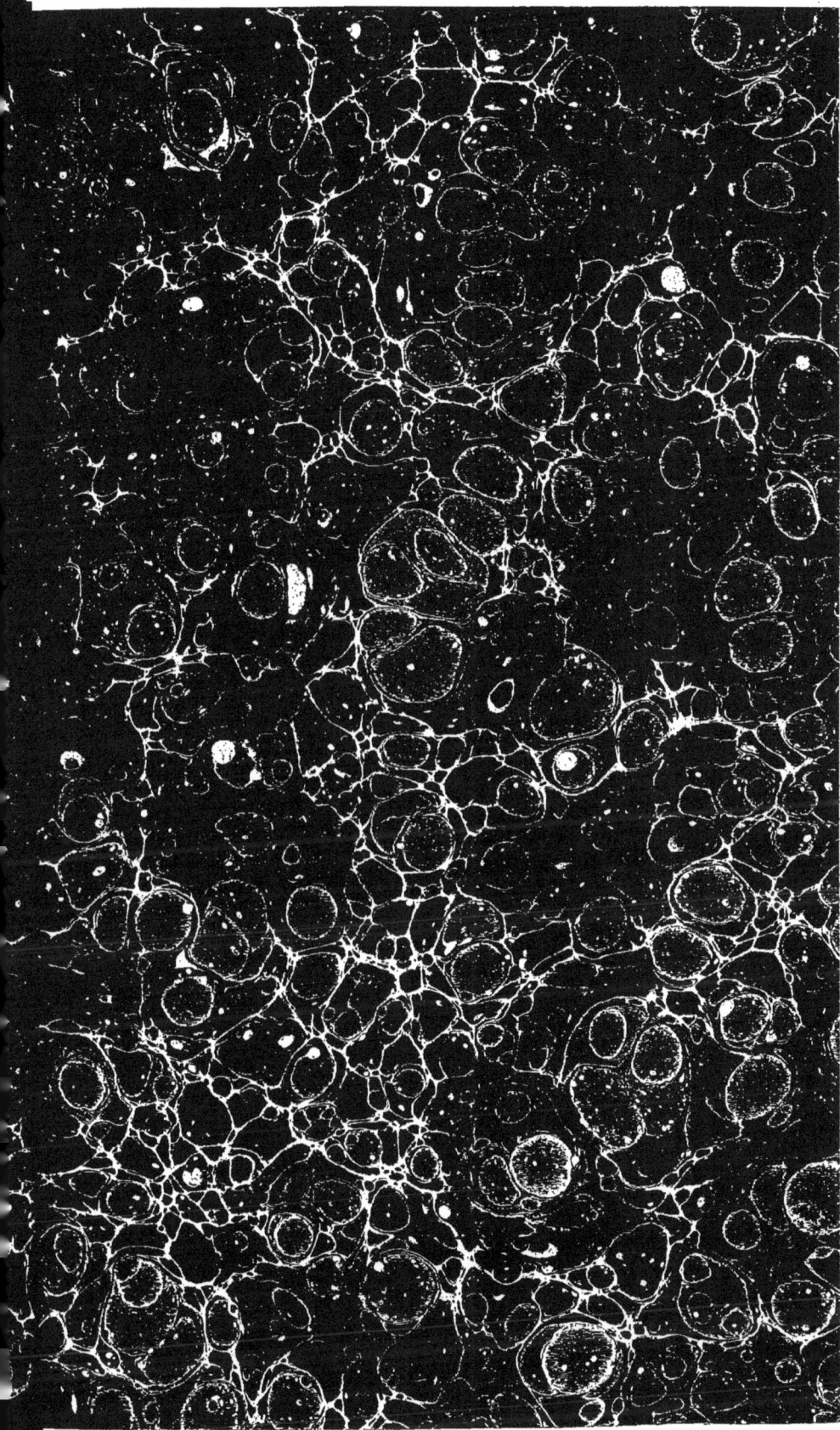

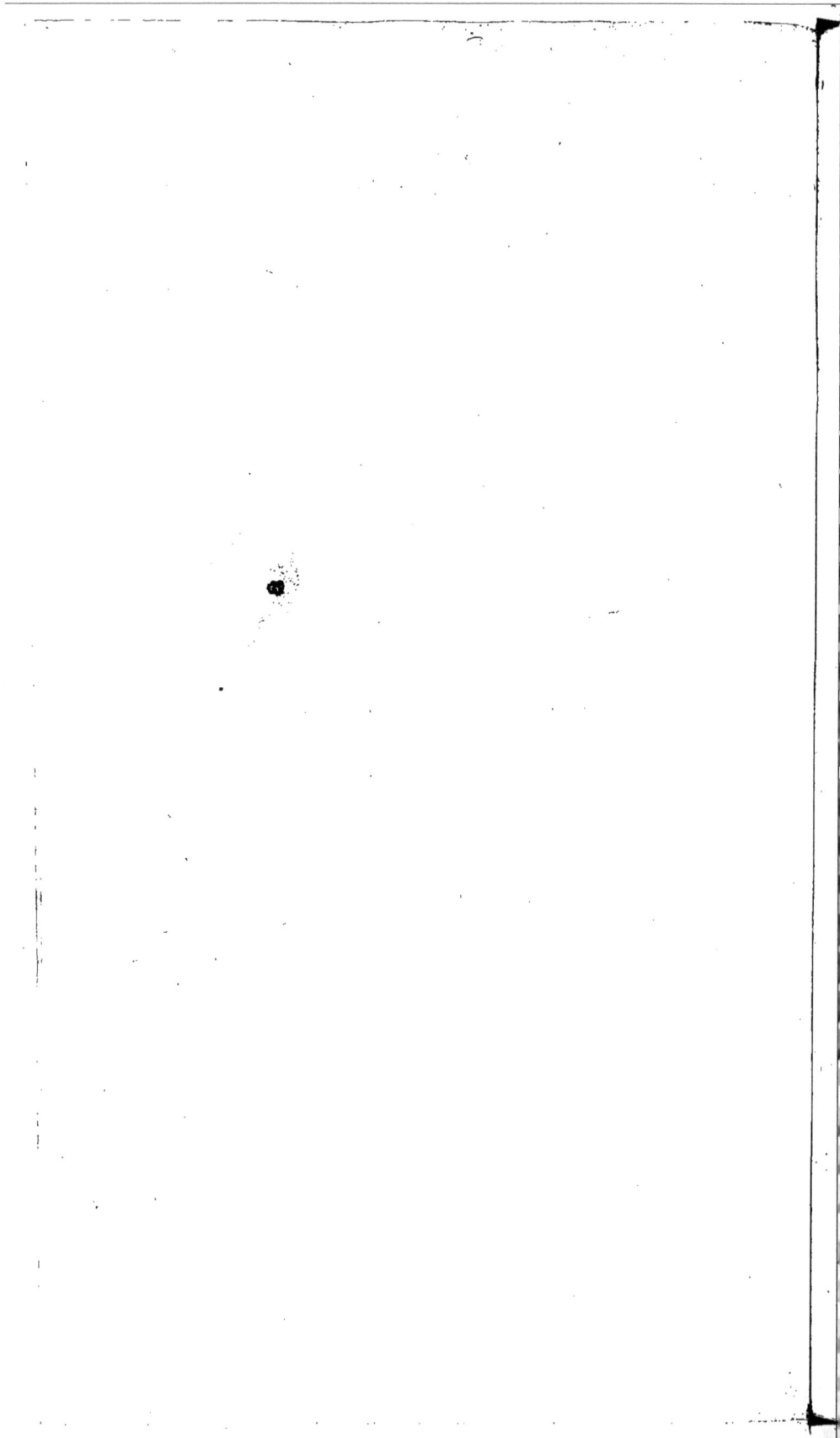

LA
PERSPECTIVE

affranchie de l'embaras

du

Plan géometral.

Par

J. H. LAMBERT.

ZURIC,

Chez HEIDEGGUER et COMP.
MDCCLIX.

PRÉFACE.

Des regles univerſelles préſuppoſent des principes également univerſels, qu'il vaut la peine d'approfondir, quand on n'a trouvé que les premieres. Avec une attention médiocre on découvrira beaucoup audelà de ce qu'on en attendoit, désqu'on a ſoin de combiner les rapports, qui ſe trouvent entre les parties de l'objet.

Voici

PREFACE.

Voici le chemin, que j'ai pris dans la Perspective. J'ai recueilli dans cet Ouvrage, ce que j'y ai trouvé. Cette Science me paroissoit toûjours moins développée de ce qu'elle pouvoit être, & diverses regles génerales, qu'elle contenoit, sembloient en renfermer d'autres, plus faciles & plus detaillées. On auroit eu bien des motifs pour les chercher, d'autant que les premieres étoient fort génantes. Pour dessiner une figure tant soit peu composée, on se voioit obligé, d'en tracer un plan géometral, & de s'en servir pour le mettre en perspective. C'étoit redoubler le travail, & on ne pouvoit s'en passer, que dans quelques cas plus simples. Vouloit on dessiner à fantaisie quelque païsage,

il

il falloit s'en rapporter aux yeux,
pour donner à chaque partie une
grandeur proportionnée à fon éloignement. Et quand même on fe
foumettoit à l'incommodité du plan
géometrique , il s'y joignoit une
autre, c'eft qu'il falloit tirer nombre de lignes fuperflues , pour déterminer la pofition d'un feul point,
& chaque nouveau point demandoit, qu'on repetat le même travail.

Pour remedier à un inconvenient
auffi molefte, on avoit imaginé plufieurs machines, par lesquelles chaque point du plan géometral pouvoit d'abord être mis en perfpective,
ou qui fervoient à tracer fur le deffin chaque ligne du plan géometral.
Mais ce plan devint indifpenfable,
& la machine n'étoit d'aucun ufage, défqu'il étoit queftion de pein-

)(3   dre

dre à fantaifie. Si l'ufage de ces machines n'étoit pas fi borné, il feroit facile d'en inventer plufieurs, & les principes expofés dans ce traité, en donneront fujet à qui veut s'y exercer.

J'en aurois décrit quelques unes, fi mon but n'étoit pas plus étendu, que l'ufage du plan géometral. Regardant ce plan comme un embaras molefte, je me propofai d'en affranchir la perfpective, & de faciliter la pratique de cet art. De là les *Machines* dévinrent fuperflues, & la facilité dans l'operation demandoit plûtot des *Inftrumens*. On en trouvera la defcription dans la troifieme Section, & le compas de proportion, tel que je l'ai accommodé à la perfpective, fe recommendera par fa commodité à quiconconque s'exerce frequemment dans les deffins.

Je ne m'arreterai pas fur les matieres, que j'ai traitées dans cet ouvrage. On trouvera dans chaque Section les raifons, qui m'ont porté à la compofer, & chacun en pourra juger, s'il les croit dignes de quelque attention.

Je remarquerai feulement, que j'ai melé indifferement mes découvertes avec celles des autres, puisque je me propofois d'écrire auffi pour ceux, qui n'ont d'autre connoiffance de la perfpective, que tout au plus celle, qu'ils ont puifée des premiers Elemens des Mathematiques. Je n'ambitionnerai pas l'honneur d'avoir découvert des propofitions, que d'autres pourront s'attribuer à plus jufte titre. Encore
que

que toutes celles, que cet ouvrage renferme, euſſent eté connues, on ne les trouveroit que diſperſées en pluſieurs traités, & on me ſauroit bon gré de les avoir réunies ici. On m'accordera au moins ſans peine, qu'il y en a pluſieurs, qui devroient ſe trouver dans les élemens de Mathematiques, puiſque non ſeulement elles ſont univerſelles, mais qu'elles ſervent beaucoup à abreger la pratique, & à nous faire connoitre plus à fond la nature des deſſins. En liſant cet ouvrage, on ſera en état de juger, ſi je promets trop en diſant, *que par les regles que j'y donne, un deſſin en perſpective pourra s'executer ſans aucun plan géometral, & ſans y mettre plus de travail, que le plan géometral auroit exigé ſeul, s'il avoit fallu commencer par le deſſiner ſuivant la voie ordinaire.*

I. SEC-

I. SECTION,

Des Principes de la Perspective & des Loix universelles, que suit la Projection des plans horisontaux & celle des Corps, qui s'y trouvent.

§. 1.

L'Apparence des Objets visibles differe de beaucoup de ce qu'ils sont en effet. L'eloignement en apetitit la grandeur, leur couleur s'affoiblit & paroit se ternir en pâlissant, les angles & les extremités s'émoussent, & les petites parties, qu'on distinguoit de proche, se perdent de vue & se confondent; On n'y voit plus qu'une lueur affoiblie, qui ne laisse rien à démeler. Une longue allée se retrécit dans le lointain, & ses côtés paroissent se joindre & terminer en pointe d'une pyramide couchée & étendue au long sur la plaine. Souvent on n'a qu'à regarder une

A   même

même chofe d'un autre côté, pour fe voir embarraffé de la reconnoitre, & le plan le plus exact, qu'on en a levé, en differe bien des fois, à tel point, que l'apparence femble le démentir.

§. 2. Cette diverfité emporte neceffairement celle des deux Arts, dont l'un s'occupe à deffiner un objet tel qu'il fe prefente à l'œuil, placé à une certaine hauteur & à une certaine diftance; & dont l'autre nous enfeigne à tracer fa veritable figure dans un plan géometrique. Ce dernier fe fert du rapport, qui fe trouve réellement entre toutes les parties de l'objet. Le premier emprunte fes regles des Phénomênes de la vue, que l'Optique nous développe, & il ne s'arrete qu'aux apparences. Il les détermine pour tous les differens points de vue, & nous fournit les regles, pour deffiner un objet quelconque de façon, que le tableau le prefente à l'œuil tout comme fi on le voioit devant foi.

§. 3. On appelle *Perfpective* cette partie de la Peinture, qui embraffe ces regles. Je ne me propofe pas ni d'en faire ici l'eloge, ni de retracer l'hiftoire de fon invention & de fes progrés. Elle fe recommende d'elle même à quiconque fait de la Peinture & du deffin fon occupation principale, ou qui n'y déftine que les heures, qu'il veut employer à un amufement agréable; & tous ceux, qui s'appliquent à être Connoiffeurs en tableaux, y trouvent de quoi rafiner fur les jugemens qu'ils en font.

§. 4.

§. 4. D'abord on s'etudia à peindre indifferement tous les Objets d'après ce qu'ils paroiſſoient aux yeux, & il falloit ſe contenter de ce moien, avant qu'on trouva les regles, qui nous aident maintenant au moins à ebaucher les premiers traits du tableau. Elles ſuppoſent dans la plus part des Cas, qu'on deſſine géometriquement les figures, qu'on veut peindre, avant que de pouvoir les mettre en perſpective. Au moien de ce plan géometral ces regles ſont univerſelles, & dans les cas moins compliqués elles admettent diverſes reductions, qui abregent le travail. Mais outre qu'elles ne ſufiſent pas, pour peindre des Objets quelconques indépendement du plan géometral, elles exigent nombre de lignes ſuperflues, dont on ſouhaiteroit de ſe voir débaraſſé, & ſouvent on ſe trouve obligé de copier de nouveau le deſſin, afin de l'avoir au net.

§. 5. Pour remedier à ce double inconvenient j'ai imaginé divers moiens, par lesquels on peut s'épargner la peine de lever le plan geometral, & abreger le deſſin en perſpective de façon, qu'il ne demande pas plus de travail, que celui, qu'il auroit falu mettre au plan géometral ſeul, en ſuivant la voie ordinaire. Les regles, que je donnerai, auront en outre l'avantage de ſervir encore à ceux, qui ne cherchent point à deſſiner eux mêmes, mais qui ſe contentent d'aprendre à juger ſolidement ſur les deſſins.

§. 6. Afin d'expoſer ces regles avec autant de brieveté que de clarté, je me bornerai

A 2   rai

rai à alleguer les propofitions , empruntées
de l'Optique , comme de fimples Experiences , & je croi etre d'autant plus en droit
de le faire , parceque non feulement elles
font connues à tout le monde, mais parceque même dans l'Optique on ne fait que les
deduire d'autres Experiences.

§. 7.   La premiere nous donnera la Pofition du Tableau , fur lequel on veut mettre les Objets en perfpective. On fait , que
quelque diverfité qu'il puiffe y avoir dans
l'apparence des Objets à l'egard des differens
points de vue , il y refte néanmoins ceci
d'univerfel, que les Objets perpendiculaires
fur l'horifon paroiffent comme tels, indépendement de l'éloignement & de l'élevation
du fpectateur.   Je ne m'arreterai pas à ces
Cas moins ordinaires , où cette Experience
foufre quelque Exception , p. Ex. où une
tour ou un clocher paroit pancher en avant
vers celui, qui la regarde au pied du mur.
Ces fortes de Cas ne derogent rien à l'uni-
verfalité de la regle que nous venons d'établir , en tant, que nous l'emploierons à la
Perfpective.

§. 8.   La Loi fondamentale de cet art exi-
geant de peindre exactement les apparences,
il s'en fuit , que les Objets, perpendiculairement élevés fur l'horifon , doivent auffi
paroitre comme tels fur le tableau.   De là
vient qu'on les y reprefente par des lignes
parallèles entre elles; & tirées du haut en
bas du tableau, & il eft naturel, que ceci
lui donne la pofition, qu'il doit avoir, afin
que

que la peinture s'accorde en tout avec l'a-
parence.

§. 9. La seconde Experience, dont nous
nous servirons, est, que les raïons de la lumiere émanent en lignes droites de chaque
point des Objets, & que par consequent
leur image paroit toujours sur la ligne, qu'on
en tire dans l'œil. Il est évident, qu'on
neglige ici la refraction, parce que celle que
la lumiere soufre dans l'air est fort petite,
& pour la plus part des Objets, que l'on
veut mettre en perspective, elle est tout à
fait insensible, desorte qu'il seroit superflu,
d'y avoir égard.

§. 10. Comme donc chaque point des
Objets paroit être sur la ligne droite, qu'on
en tire dans l'œil, il est assez indifférent,
dans quel point de cette ligne on peint son
image. Pour cet effet on se represente une
table perpendiculaire à l'horison, & placée
entre l'Objet & le Spectateur, & on y dessine chaque point de l'Objet, là où cette
ligne passe par la table.

§. 11. Soit donc la table F P R, perpendiculaire sur le plan horisontal M N, sur Fig. 1.
lequel se trouve le quarré A B C D, qu'il
faille dessiner. L'œil se trouvant en O,
verra les angles A, B, C, D moiennant les
raions A Q, B O, C O, D Q, & toute la
figure moiennant la Pyramide A B C D O,
dont le sommet est O, & la base A B C D.
Les côtés de la Pyramide coupent la table
en a b c d, & il est évident, que le qua-
A 3 drila-

drilatere a b c d deſſiné ſur la table ſe preſen-
tera à l'œuil en O, préciſement comme le
quarré A B C D tracé ſur le plan horiſontal,
& que par conſequent il en eſt l'apparence
perſpective.

§. 12. Je n'indiquerai point les moiens,
qu'on a trouvés, pour deſſiner l'image a b d c
de la figure A B C D, en ſuppoſant le plan
géometral, la poſition de la table & celle
de l'œuil comme données. Il y en a pluſieurs, & on les trouve dans tous les Livres,
qui traitent de la Perſpective. Le but, que
je me propoſe dans cet ouvrage, eſt de
rendre le Plan géometral ſuperflu, & de
donner des regles, pour deſſiner en perſpective tout ce que l'on voudra, & indépendement de ce plan, que les regles ordinaires demandent, & qui cependant ne fait que
redoubler le travail. Voici les Preparations
& les Definitions préliminaires, qui nous y
meneront.

§. 13. Que la ligne O P ſoit tirée perpendiculaire ſur la table, & que P p ſoit
parallele avec Q R. Abaiſſez la droite O S
perpendiculairement ſur le plan horiſontal,
& achevez le rectangle O S Q P. Ce qui
étant fait nous nommerons.

O *le point de vue.*

P *le point de l'œuil* ou *le point principal.*

O S *l'Elevation de l'œuil au deſſus du plan ho-*
riſontal, & égale à P S.

O P *la*

OP *la Distance de l'œuil de la table*, & égale
à QS.

FR *la ligne de terre*, où la table passe par
le plan horisontal.

Pp *la ligne horisontale*, ou simplement *l'horison*.

POSQ *le plan vertical*, passant perpendiculairement par la table, par l'œuil &
par le plan horisontal.

§. 14. Prolongez les droites CB, DA
jusqu'à la ligne de terre, & SQ jusqu'en
A & nommez

BQA, AQF *la déclinaison du plan vertical.*

BQR, AFR *la déclinaison de la table*, qui
est le complément de celle du plan vertical à 90°.

§. 15. De plus aïant tiré CS, vous aurez
le triangle vertical CSO, qui est droit, &
qui passe par la table en cq. D'où il est
clair, que pour trouver l'apparence d'un
point quelconque C sur la table, il faut tirer
les lignes CS, CO de C en S & O, dont
la première coupe la ligne de terre en q.
Erigeant donc sur q la perpendiculaire qc,
elle coupera la droite CO en c, & c sera
le point d'intersection du raïon CO, où il
passe par la table, & partant l'endroit où le
point C y doit paroitre.

§. 16. Supposons maintenant, que la droite
QC soit prolongée, & que le point C s'é-
loigne de Q, il est évident, que l'angle CSQ
A 4   devien-

déviendra plus grand, le point q s'approchera de R, & la droite qc de Rp. De même l'angle COS s'accroîtra, & le point c se trouvera plus élevé audeſſus de la ligne de terre. Cet accroiſſement va en augmentant, jusqu'à ce que SR ſera parallele à CQ, & que CO déviendra horiſontale, ce qui aura lieu, lorsque le point C eſt ſuppoſé infiniment éloigné de Q.

§. 17. Faiſons SR parallele à QC, & tirons la perpendiculaire Rp, prolongée jusqu'à l'horiſon, & le point C, etant ſuppoſé comme infiniment éloigné, doit paroitre ſur le tableau en p. Joignant donc p & Q par la droite pQ, cette droite repréſentera la ligne QC prolongée à l'infini.

§. 18. Que DF ſoit tirée parallele à CQ, & on démontrera de la même maniere, que nous venons de faire, que Fp ſera l'apparence de la droite FD. Car SR etant parallele à DF, il faut que le point extreme de la ligne DF paroiſſe ſur la table là, où Rp coupe la ligne horiſontale Pp, ce qui arrivant en p, il s'en ſuit; *que toutes les lignes paralleles du plan horiſontal ſe réuniſſent ſur le tableau en un même point de l'horiſon Pp.*

§. 19. Joignez les deux points p & O par la droite pQ, & le triangle pOP ſera parallele & égal au triangle QSR du plan horiſontal. Car Pp etant parallele à QR, & PQ égal à QS, les trois points P, p, Q ſeront également elevés audeſſus de la baſe,

&

& partant PO p fera parallele à QSR. Mais
il eft PQ=QS, Pp=QR, & les deux
angles pPO, RQS font droits, donc les
deux triangles PpO, QRS font égaux &
femblables l'un à l'autre.

§. 20. D'où il fuit, que l'angle POp eft
égal à CQA ou QAF, qui eft l'angle de
la déclinaifon du plan vertical. (§. 17. 14.)|

§. 21. *Ainfi le point de l'horifon* Pp, *où
toutes les lignes paralleles du plan horifontal fe
joignent fur la table, ne dépend que de leur déclinaifon du plan vertical*, laquelle par confequent etant donnée, ce point ce trouvera
facilement. Car OP etant perpendiculaire
fur Pp, & l'angle POP égal à la déclinaifon
AQC, OP *reprefentera le raïon d'un cercle,
& Pp fera la tangente de la déclinaifon.*

§. 22. Si donc on a trouvé le point p,
repondant à une declinaifon quelconque, p.
ex. à DA, on n'a qu'à prolonger DA jufqu'à la ligne de terre FR en F, & joindre
F, p par la droite Fp, laquelle fera l'apparence de FD prolongée à l'infini. Et il eft
évident, que tous les points, qui fe trouvent fur FD doivent paroitre dans le Tableau fur Fp.

§. 23. *On peut donc reprefenter fur la table
chaque angle du plan horifontal.* Qu'il faille
p. ex. deffiner l'apparence de l'angle DAF.
Aïant prolongé DA en F, & EA en f,
vous aurez les angles FAQ, fAQ, qui
font ceux de la déclinaifon des droites DA,

A 5   EA.

E A. Confiderant O P comme le raïon, faites P p égale à la tangente de F A Q , &
P π à celle de f A Q , & tirez p F , π f , &
ce fera le point d'interfection de ces deux
lignes, & l'apparence du point A, & π a P
fera celle de l'angle E A D.

§. 24. *Reciproquement un angle quelconque*
π a p étant tiré fur la table , on pourra trouver
la mefure de celui qu'il reprefente fur le plan ho-
rifontal, comme E A D. Car prenant O P pour
le raïon, P p, P π feront les tangentes des
déclinaifons F A Q, f A Q, d'où l'on trouve
les angles eux mêmes & partant leur fom-
me, qui eft égale à E A D.

§. 25. Voici donc un moïen fort fimple
de mettre en perfpective tous les angles, qui
font fur le terrain , & de trouver reciproquement la mefure de ceux, que le tableau
reprefente , tout de même que fi on les
avoit mefuré fur le terrain même. Il eft fort
naturel, de faifir les avantages, que ce moïen
nous offre , & de l'emploïer à faciliter le
deffin & la mefure des angles fur le tableau.

§. 26. Pour cet effet transportez les tangentes de tous les angles de déclinaifon fur
l'horifon de P vers p & π, & marquez les
degrés des angles fur chaque point qui leur
repond. Ce qui etant fait, la ligne horifontale π p vous fervira d'echelle , pour trouver les dégrés de tous les angles , que le
tableau repréfente. Chaque angle D A E fur
le plan horifontal , aura autant de degrés,
que vous compterez entre les deux points
π, p,

.. *x* p , qui font ceux de l'Interfection de la ligne horifontale , & des deux droites a π, a p , qui forment en a l'apparence de cet angle.

§. 27. Faifant P Q = P O , chaque angle P Q p fera égal à la déclinaifon P O p, puifque Q P p , O P p font des angles droits, & P p eft le côté commun de l'un & l'autre triangle P Q p , P O p. Voici donc un moïen facile de divifer l'echelle en π P p par une conftruction géometrique. Car ayant fait P Q = P O , on trace un cercle , dont le centre eft Q , & le raïon Q P , par lequel les tangentes P p , P π fe détermineront facilément.

§. 28. Ajoutons à cet avantage, que donne l'echelle en π p , une façon d'abreger les expreffions , & parlons de l'image , qu'on deffine fur le tableau , dans les mêmes termes , comme fi c'etoit l'Objet même , dont elle n'eft que l'apparence, fans nous arreter à la diverfité & à la non - reffemblance , qui s'y rencontre Voici en quels points nous introduirons cet abregé.

1. Les Lignes , qui concourrent dans un même point de l'horifon , telles que font F p , Q p , & qui reprefentent des lignes paralleles, retiendront le nom de *paralleles* , & nous nous bornerons à y ajouter , qu'elles le font *perfpectivement* lorsqu'il s'agira d'éviter quelque obfcurité ou quelque confufion dans les expreffions.

2. De

2. De même nous appellerons *perpendiculaires* toutes les lignes du tableau, qui font l'image des perpendiculaires de l'Objet, que l'on met en perspective.

3. Nous donnerons à chaque angle du tableau le même nombre de dégrés, que contient l'angle original, dont il represente l'apparence, d'autant qu'on est à même de les determiner moïennant l'échelle sur p π.

4. Enfin quelques racourcies que soient les lignes sur le tableau, nous leur laisserons la longueur, qu'elles ont dans l'objet même, parceque nous trouverons bientot le moïen de la déterminer comme nous l'avons fait à l'égard des angles.

§. 29. Après cet avertissement préalable on ne se choquera pas aux Expressions des Problêmes suivans.

1. La ligne Q b étant donnée, tirer une autre du point F, qui lui soit parallele. Prolongez Q b jusqu'à l'horison en p, & tirez F p, qui sera la parallele qu'il falloit tracer.

2. La ligne d a & le point a etant donné, décrire un angle d'un nombre de dégrés donné. Aïant prolongé a d jusqu'à l'horison en p, comptez de p vers π autant de dégrés, que l'angle doit avoir, & joignez π, a par la droite π a, & π a p sera l'angle qu'il falloit décrire.

II

Il eft clair, que dans cette façon de s'ex-
primer, on attribue à l'image de l'objet, ce
qui, à proprement parler, ne convient qu'à
l'objet même. Ces fortes de metaphores ne
font point nouvelles, & on ne difcoure gueres fur un tableau fans s'en fervir, au moins
pour nommer les objets, qui y font peints.
Mais elles font un peu plus dures dans la
Géometrie, où on s'abstient rigidement de
toutes les expreffions figurées, pour éviter la
confufion de diverfes grandeurs. Cependant
comme nous donnons ici le remede pour cet
inconvenient, en faifant voir, comment il
faut peindre l'image, l'objet étant donné, &
réciproquement, cette façon d'abreger les expreffions n'aura rien, qui foit intolerable.

§. 30. Mais ce n'eft pas l'unique avantage,
que nous en retirerons, de pouvoir être plus
courts. Il y a un autre plus important, puisqu'en effet ces expreffions abregées jettent
les fondemens pour une *Géometrie Perfpective.*
Il eft aifé a voir, de ce que nous avons dit
fur l'échelle en πp, qu'elle eft en même
tems un *Transporteur rectiligne géometrique &*
perfpectif, qui nous donne fur le tableau les
angles, que forment les lignes dans l'objet
même, & tout comme fi on les y avoit me-
furés fuivant les regles de la Géometrie. En
retenant donc les mêmes expreffions & pour
l'objet & pour fon image fur le tableau, toute
la différence, entre la façon de deffiner le
plan géometral & le tableau eft reduite à ce
que le premier fe leve fuivant les regles de
la Géometrie, & le dernier fuivant celles de
la

la perspective, que nous établirons dans ce
Traité. Nous verrons deplus qu'en retenant
les mêmes expreffions pour l'un & l'autre cas,
& aïant égard à la différence des regles de
l'operation, tout ce que la Géometrie nous
enseigne touchant le plan géometral, peut
être appliqué en mêmes termes au tableau,
& que moïennant les operations perspectives,
qu'on y substitue, le deffin s'execute en perspective, auffi promtement, & fans y mettre
plus de travail, que le plan géometral auroit exigé, s'il avoit falu commencer par le
deffiner, en suivant les regles ordinaires.

§. 31. En Géometrie on demontre, que
les angles d'une figure rectiligne & un de
ses côtés etant donnés, on peut tracer la
figure entiere. Voïons maintenant, comment
il faut s'y prendre pour en deffiner l'apparence en perspective. Dans cette vue nous
propoferons le Problême fuivant, qui fert
de préparation.

PROBLEME I.

§. 32. *Diviser la ligne horisontale en dégrés,*
ou y decrire le Transporteur perspectif.

SOLUTION.

Fig. 2.   Soit CD l'horifon, P le point de l'œuil.
De P abaiffez la perpendiculaire PQ, &
faites la égale à la diftance de l'œuil de la
table. Du Centre Q tracez un Cercle paf-
fant par Q, & divifez le en dégrés, & par
chaque degré tirez des raïons du Centre Q
jusqu'à l'horifon, marquez y les points d'interfection

terfection , en y écrivant les degrés , qui font ceux de la declinaison , & l'echelle fera conftruite. (§. 27.)

Cette Preparation a lieu dans tous les Cas & il n'en faut pas d'avantage dans ceux , qui font les plus compliqués comme dans les plus fimples. Dans les Problémes fuivans nous fupoferons toujours cette Echelle comme conftruite. Elle depend uniquement de la diftance , qui eft entre l'œuil & la table , & nous la regarderons conftamment comme donnée.

PROBLEME 2.

§. 33. *Tracer un angle donné fur une ligne donnée* DE.

SOLUTION.

Prolongez , en cas de befoin , la ligne DE jusqu'à l'horifon en D , & depuis D comptez autant de degrés , que l'angle propofé doit avoir , vers le même coté , où il faut placer l'angle , p. ex. 40 degrés jusqu'en J, ce qui etant fait joignez J & E , & l'angle qu'il falloit decrire , fera JED. (§. 26.)

§. 34. Ce Problême a encore deux Cas , qu'il faut indiquer. Le premier eft , s'il avoit falu décrire l'angle propofé p. ex. de 140°. du côté E. Dans ce cas on auroit fait l'angle contigu JED de 40°. comme dans l'Exemple du Problême , & on auroit prolongé JE en F. Le fecond Cas, lorsque l'angle propofé doit être audeffous du point E,

alors

alors on auroit conftruit fon vertical JED
p. ex. de 40°. en prolongeant fes deux côtés. Delà on voit, que ces moïens ne different point de ceux, que la Géometrie prefcrit
dans des cas femblables.

PROBLEME 3.

§. 35. *Une ligne* HJ *etant donnée, de même
qu'un point* K *, tirer de ce point une droite,
qui foit parallele à* HJ.

SOLUTION.

Prolongez HJ jusqu'à l'horifon, & par le
point d'Interfection tirez une droite dans le
point donné & KL fera la parallele, qu'il
faloit conftruire.

§. 36. Ces deux Problemes font d'un ufage
fort étendu & frequent. Nous fuppofons
donc, qu'on s'exerce à les pratiquer, puisque dans les Problemes fuivans nous omet-
trons les lignes pointuées, pour ne point
trop charger les figures. Propofons maintenant le Problême, duquel nous avons parlé
cy deffus (§. 30.)

PROBLEME 4.

§. 37. *Les angles d'une figure rectiligne quelconque, & la pofition d'un de fes côtés etant
donnés, deffiner la figure en perfpective.*

SOLUTION.

Le choix des angles pour les figures irre-
gulieres etant fort arbitraire, nous applique-
rons le Probleme à celles, qui font regulie-
res,

res, d'autant que leurs angles font déterminés par la Géometrie.

Exemple 1. Que a b foit le côté d'un quarré, & qu'il faille le deffiner en perfpective.
Que l'on fe fouvienne pour cet effet, que
les angles du quarré font droits, & que les
diagonales les coupent en parties égales.
Faites l'angle c a b de 90 dégrés (§. 33.)
& tirez b d parallele à a c (§. 35.) Deplus
faites l'angle d a b de 45° La diagonale d a
coupera le côté d b en d. Enfin tirez d c
parallele à b a, & le quarré a b c d fera deffiné.

Exemple 2. La pofition d'un côté d'un
Exagone regulier étant donnée, mettre la
figure en perfpective. Faites les angles f e g,
f e h, f e i, f e k égaux à 30 dégrés (§. 33.)
& les droites g e, h e, i e feront les diagonales. Enfin faites les angles g f e, h g f, i h g,
k i h chacun de 120°. & l'exagone fera conftruit.

Ces Exemples fuffifent pour faire voir,
comment il faudra s'y prendre pour les figures irrégulieres. Elles fe deffinent de la
même façon, des que l'on fait un de leurs
côtés, les angles, que les côtés renferment,
& ceux qui font entre les diagonales.

PROBLEME 5.

§. 38. *Le Côté du triangle, & les deux angles, qui lui font contigus, étant donnés, mettre
le triangle en perfpective.*

B   Solu-

SOLUTION.

Que le côté donné soit q r , faites les deux angles q r s , s q r égaux aux angles donnés (S. 33.) & le triangle sera construit.

S. 39. La Géometrie nous apprend à lever le plan de chaque figure & d'une campagne quelconque , désqu'on a mesuré une base , & les angles qu'elle forme avec les lignes tirées de ses deux extrémités dans celles dela figure. Le Problême , que nous venons de résoudre , fait voir , comment il faut mettre la même figure en perspective, moïennant les mêmes données. Car q r représente la base , s q r, s r q les deux angles, qui déterminent la position du point s , par le second Problême. (S. 33.)

PROBLEME 6.

S. 40. *La Corde d'un arc de Cercle étant donnée , mettre le Cercle en perspective.*

SOLUTION.

Elle se fonde sur ce qu'on démontre en Géometrie , qu'en tirant des lignes droites des deux extrémités de la corde dans un point quelconque de la circonference du cercle , l'angle, que ces deux lignes y forment, est d'une grandeur constante. Soit donc m n la corde donnée de 20 dégrés , l'angle opposé à cette chorde sera de dix dégrés. Tirant donc un angle quelconque p m n , & un autre p n m qui soit de dix dégrés plus grand (S. 33.) le point p se trouvera dans

la

la Circonference du cercle. Or en continuant de trouver encore d'autres points, le
cercle pourra fe conftruire.

§. 41. S'il arrive, que la ligne horifontale
n'eft point allez longue pour trouver tous
ces points, on pourra, après en avoir déterminé quelques uns, fe fervir d'une autre
corde p. ex. de v p, & l'arc, qu'elle fou-
tient, eft double de l'angle oppofé p m v,
& de la même maniére vous trouverez tous
les autres points, pour achever de conftruire
la circonference.

§. 42. Ce que nous venons de dire, fait
allez voir, comment un figure quelconque
peut être mife en perfpective, lorsqu'on
n'en connoit que les angles & la pofition
d'un de fes côtés. Nous avons omis dans la
figure, toutes ces lignes, qu'il ne faloit tirer, que pour déterminer les angles par le
fecond Problême, comme nous l'avons averti
dans le §. 37. Si cependant cette omiffion
pouvoit jetter dans l'embaras, on n'a qu'à
tirer ces lignes, en prolongeant celles, qui
forment la figure, comme p. ex. a c, f g, r s,
& on trouvera qu'elles couperont fur l'échelle
C D le nombre de dégrés, que nous donnames à chaque angle. Au refte il faut fe rap-
peller la fignification, que nous avons donnée
cy deffus aux termes, dont nous nous fommes fervis dans ces problêmes (§. 28. 29.)
& on trouvera éclairci comme par autant
d'exemples ce que nous en avons dit dans le
§. 30. Ce qui contribuera encore à donner

B 2   plus

plus de clarté aux propofitions fuivantes. Dé-
vélopons maintenans les principes pour la
mefure des lignes.

§. 43. Si dans le plan géometral des paralleles coupent d'autres paralleles , les parties entrecoupées fon égales. Cette propofition de la géometrie, s'applique en mêmes
Fig. 4.   termes aux paralleles perfpectives a C , d C,
a E, b E, c E. Les parties coupées c f , be,
a d feront les images des lignes égales, qu'elles repréfentent, ou en nous fervant de la
façon de parler établie dans le §. 28. elles
font égales. De la même manière a b fera
égale à d e , & b c à e f ; bienque leur longueur fur le tableau même va en diminuant
à mefure qu'elles s'approchent de la ligne
horifontale C D.

§. 44. Quoique ce racourciffement fuccef-
fif n'admet point de proportion géometrique, il y a cependant des cas , où on peut
l'appliquer. En voici un , qui eft univerfel
& qui fervira en même tems de bafe pour
trouver la longueur des autres lignes , dont
l'apparence fur le tableau differre de leur longueur réelle dans l'objet.

§. 45. Soit F G la ligne de terre , & par
confequent parallele à l'horifon C D. Or
F G étant la ligne de l'Interfection du tableau
& du plan géometral , il eft évident que les
parties de l'un & de l'autre y coïncident, &
partant elles font égales. entre elles non feulement parce qu'elles font l'aparence l'une de
l'autre , mais auffi géometriquement. De la
                  il

il fuit , qu'elles ont une échelle commune , qui eft celle , dont on fe fert pour le plan géometral & que nous appellerons *échelle naturelle.*

§. 46. La ligne de terre étant parallele à l'horifon , toutes les lignes , qui font paralleles à l'une le feront auffi à l'autre , comme p. ex. i k l. Or i k , k l , étant l'image de deux lignes égales à J K , K L , il eft évident qu'elles gardent la proportion des parties , & que i k fe racourcit dans le même raport à J K , comme k l à l'égard de K L. D'où il fuit , que chaque ligne parallele à l'horifon peut tenir lieu de la ligne de terre, & qu'elle peut fervir d'échelle pour mefurer les autres lignes , qui lui font paralleles , parceque toutes ces lignes fe divifent en parties égales fuivant les regles de la Géometrie.

§. 47. Soit donc l'échelle l q , & qu'il faille mefurer la ligne m n parallele à C D. Joignez le point n avec un point quelconque de l'échelle p. ex. N , & prolongez N n jusqu'à l'horifon en p. Du point p tirez une droite par m jusqu'à l'échelle en M. Or N p , M p repréfentant des lignes paralleles , & N M , n m l'étant géometriquement comme en apparence , les lignes N M , n m feront l'image de deux lignes égales du plan géometral , & partant n m a autant de pieds que N M.

§. 48. De cette maniére on pourra déterminer la longueur de toutes les lignes paralleles à l'horifon. Mais ce ne font pas là les

B 3

Cas

Cas les plus frequens. Afin donc de rendre la mefure des lignes univerfelle , nous réfoudrons le fuivant

P R O B L E M E 7.

§. 49. *L'angle* s r q , *formé par la droite* r s *& l'échelle* r q *étant donné , trouver le point* s, *où la ligne* r s *dévient perfpectivement égale à* r v.

S O L U T I O N.

Il eft clair , que r s q repréfente un triangle ifocèle , & que par conféquent les angles r s q , s q r doivent être égaux , donc on peut les trouver moïennant l'angle s r q. Soit p. ex. s r q = 30°. on aura s q r = $\frac{1}{2}$ s r l = 75°. Faifant donc l'angle s q r de 75°. (§. 33.) le point r fera trouvé par l'interfection des deux droites r s, s q. Remarquons ici, qu'en prolongeant q s en h, P h aura toujours la moitié des dégrés de l'angle donné s r q. Nous verrons dans la fuite que h t eft égale à la diftance de l'œuil du point t.

§. 50. Du point h tirez une ligne quelconque h v z, & h z, h q feront parallèles, & v r z fera un triangle ifocèle comme s r q, & partant r z fera la mefure de r v, comme r q l'eft de r s. D'où nous tirerons les Problêmes fuivans , qui font voir , comment on détermine la longueur d'une ligne quelconque.

P R O B L E M E 8.

§. 51. *Déterminer la longueur d'une ligne donnée* a b.

Solu-

SOLUTION.

Prolongez a b jusqu'à l'horifon en c, où Fig.s elle coupe le 70.e dégré, d'où on conclue que a b decline de 70°. du plan vertical, & de 20°. de la ligne de terre. Comptant donc 10°. dépuis P en d, & tirant les droites d b f, d a e par b & a, elles couperont fur l'échelle f m la partie f e, qui contient le nombre de pieds repondant à a b. (§. 50.)

PROBLÈME 9.

§. 52. *Une droite* g h, *étant donnée de pofition, en couper une partie d'une longueur donnée.*

SOLUTION.

Prolongez, en cas de befoin, g h jusqu'à l'horifon, où elle paffe par le 40° dégré, d'où on conclue qu'elle decline de 50° degrés de la ligne de terre. Comptant donc 25°. dépuis P en k, joignez k & g par la droite k g prolongée en l. De l en m comptez le nombre de pieds, que la droite propofée doit avoir, & tirez m k, qui la coupera en i, & g i fera la partie de g h, qu'il faloit déterminer.

§. 53. On voit de ces deux Problèmes, que l'operation pour méfurer les lignes eft un peu plus longue, que celle pour les angles, puisque dans ce dernier cas, on n'a qu'à prolonger les côtes, qui referment l'angle propofé, jusqu'à l'horifon, pour y compter d'abord le nombre de dégrés, qu'il contient. Cependant l'une & l'autre de ces opé-

rations

rations eſt aſſez facile & courte & elles peuvent ſe faire, par l'extenſion d'un fil ou d'un
cheveu, ſans qu'on ait beſoin de charger le tableau de lignes ſuperflues, ou de le filloner
en raïant les lignes avec une pointe. On
applique p. ex. le fil tendu ſur la droite g i,
pour trouver le point h, après quoi on l'é-
tend par deſſus les points k & g, pour trouver l, & enfin on le met ſur les points m &
k pour déterminer i. Aïant donc conſtruit
les deux échelles C P, f m, on ſe trouvera
en état de deſſiner un tableau entier moïennant une regle & un fil, & ſans ſe ſervir du
Compas, ni du plan géometral.

§. 54. Comme donc m l eſt la meſure géometrique de la droite i g; il eſt évident que
le point k ſervira a diviſer i g en des parties
quelconques. Si p. ex. i g doit être le côté
d'une maiſon ou celui d'un Jardin, il pourra être diviſé perſpectivement ſuivant le rapport des fenêtres, ou des planches. On
comptera depuis l vers m le nombre de
pieds, que chaque partie doit avoir on applique le fil ou la regle ſur ces points trouvés & ſur le point k, & on marque les
points d'Interſection ſur g i.

§. 55. La meſure des angles ne dependant
que de la diſtance de l'œuil de la table, ſans
égard à la ſituation de la ligne de terre, ou
ſon abaiſſement audeſſous de l'horiſon.
(§. 21. 32.). Le Transporteur conſtruit ſur
C P ſervira pour toutes les ſurfaces horiſontales, qu'on veut mettre en perſpective, &
il

il n'y aura d'autre difference, que celle qui provient de la ligne de terre, qui répond à chacune de ces furfaces. On hauffera ou baiffera donc l'échelle f l, à mefure que l'une de ces furfaces fera plus élevée que l'autre. Si p. ex. en peignant une chambre, dont le plancher & le fond fe préfentent à l'œuil, le Transporteur fur l'horifon fervira pour l'un & l'autre, mais l'échelle, qui fert pour mefurer les lignes doit être hauffée de toute la hauteur de la Chambre. On la transportera chaque fois fur la ligne de l'Interfection du tableau & de la furface horifontale, ce qui fe fait en traçant une perpendiculaire fur f l, & lui donnant autant de pieds, pris fur l'échelle f l, que la furface doit être élevée ou abaiffée.

§. 56. Si au lieu de peindre la furface entiere, on n'en veut deffiner que quelque ligne, ou quelque partie ifolée, on n'a pas befoin de transporter cette échelle. Qu'il faille par exemple mettre en perfpective une parois ou un mur, dont la bafe foit m k. Prenez fur l'échelle f l la hauteur de ce mur, transportez la en m n, & joignez n & k. La ligne n k déterminera fa hauteur tout au long, & aïant trouvé fa longueur fur la bafe, il ne faudra qu'y ériger une droite perpendiculaire fur l'horifon, pour achever de deffiner toute fon apparence.

§. 57. Mais fi au lieu du mur il n'avoit falu mettre en perfpective qu'une ligne verticale de la même hauteur, p. ex. o p, on

auroit

auroit déterminé son apparence moïennant les mêmes droites m n, n k, p o.

§. 59. Ce que nous venons de dire touchant les surfaces horisontales diversement élevées les unes audessus des autres, s'applique également à toutes les surfaces qui coupent la table perpendiculairement, puisqu'on peut se représenter toutes comme horisontales en tournant simplement la table autour de l'axe P O. Connoissant donc la position de la ligne, où la surface coupe la table, elle aura le même usage que la ligne de terre, & on y transportera l'échelle naturelle. Si par le point de l'œuil P on tire une ligne, qui lui soit parallele, on pourra y tracer le même Transporteur, qu'on avoit construit sur l'horison. Au moïen de cette transposition des deux échelles, on pourra mettre en perspective tout ce qui se trouvera sur la surface d'un toit perpendiculaire sur la table, & les regles que nous avons données pour les surfaces horisontales s'y appliqueront également.

Fig. 1.

II. SEC-

****

II. SECTION,

De la Situation de l'œuil & de fa diftance de la table, qui font les plus
propres, pour mettre un objet propofé en perfpective.

§. 60. L'aparence d'un objet quelconque
dépend fimplement de la fituation du Spectateur. Une furface plane fe déploïe pour
ainfi dire, à mefure qu'on s'éleve. Tout le
monde fait, qu'en regardant un païs entier
du haut d'une montagne, la plaine s'élargit,
& qu'on y eft à fon aife, pour promener
fes regards fur tous les objets qu'elle nous
étale, & nous dévéloppe. L'éloignement
diminue leur apparence, & ils changent de
face, desqu'on fe tourne d'un autre côté.
Un même objet, vu d'un côté ne nous préfentera qu'un afpect difforme & hideux, tan-
dis qu'en fe rangeant d'un autre côté, tout
y paroitra beau & fimetrique. Cette diverfité, reléve bien fouvent le prix des campa-
gnes & des maifons de plaifance, qui jouïf-
fent d'une *belle vue*, & où les environs nous
préfentent un paradis terreftre, Par contre
elles perdent de leur prix & de leur agré-
ment, fi la vue y eft bornée, où défagrea-
ble, en ne nous offrant que la folitude &
l'ennui d'un defert.

C   §. 61.

§. 61. Il eſt naturel , que cette diverſité s'étende jusqu'aux tableaux. Ils nous préſentent les mêmes objets. Et il ne faut que les peindre d'un point de vue mal choiſi, pour leur oter tout ce qui les auroit enbelli, & pour les rendre fort imparfaits & defectueux. Un tableau , qui ſera peint d'après vie, & ſuivant toutes les regles de l'art , ne ſauroit avoir une meilleure apparence , que la choſe elle même dans le point de vue, qu'on a choiſi. On louera l'art du peintre , mais on blamera le défaut des attraits , dont le tableau auroit été ſuſceptible , ſi on avoit mieux choiſi ſon point de vue.

§. 62. On ne demande pas par là , qu'il ne faille jamais peindre que le beau côté des objets , ou qu'il faille ſe reſtreindre à ceux, qui offrent un bel aſpect. Il n'y a qu'une *laideur morale* , qu'il faut exclure des tableaux, & un peintre ſe déshonore ſoi même , en peignant des tableaux , qui offenſent la vertu. Par contre la *laideur phiſique* , ou ce qui n'eſt que difforme & désagreable doit être admis dans les tableaux , ſi des circonſtances particulieres ou le plan du tableau l'éxigent & s'il ſe trouve dans l'objet même & non dans le tableau ſeul. Le tableau doit toujours repréſenter exactement l'objet, qu'on veut peindre, & ce n'eſt que la laideur qui eſt dans le tableau même , qu'on regarde comme un défaut , & qu'on impute au peintre.

§. 63. Comme donc c'eſt un point eſſentiel, pour la perfection du tableau , que de ſavoir
choiſir

choifir le point de vue le plus propre, nous tacherons de développer les regles, qu'on doit fuivre, pour le trouver.

§. 64. La première de ces regles exige, *que le tableau repréfente les objets qu'on veut pein-dre dans toutes leurs parties & auffi completement qu'il eft poffible.* C'eft ce qui diftingue un tableau achevé d'une fimple ébauche, ou d'un deffin, qu'on a peint legèrement & à la hâte. Il eft clair, que pour donner au tableau cette forte de perfection, on n'a qu'à y ex-primer au net toutes les parties, qui fe pré-fentent aux yeux. Mais ce ne font que les derniers traits du pinceau, qui fervent plû-tôt à achever de donner au tableau un air naturel, qu'à déterminer le point de vue, dont il eft ici queftion.

§. 65. On fait, que les Objets plus éloi-gnés paroiffent plus petits, & que les petites parties de même que la vivacité de leur cou-leur fe perdent & fe terniffent. Or comme on ne fauroit peindre en perfpective, qu'au-tant qu'on peut voir d'un feul coup d'œil, il en refulte un double défaut dans le ta-bleau, qu'il faut tacher de diminuer autant qu'il eft poffible, & c'eft là ce qui déter-minera la pofition du point de vue avec plus de précifion.

§. 66. Car de quelque manière qu'on le choififfe, il arrivera toujours, que quelques parties de l'Objet ne fauroient être exprimées dans le deffein, foit que l'éloignement les rende trop petites, foit que des Objets plus proches.

proches les couvrent & les cachent à la vue.
Pour remedier à ces deux inconveniens voici
les regles, qu'il faudra obferver.

§. 67.   Premièrement il n'eft point du
tout indifferent, quelles parties de l'Objet
fe préfentent fur le tableau plus ou moins
diftinctement, mais il y en a toujours, qui
doivent fraper les yeux préferablement aux
autres. De la il fuit, *qu'il faut choifir un tel*
point de vue, où ces parties ne foient ni couver-
tes par d'autres, ni rendues trop petites & im-
perceptibles par un éloignement trop grand. Il
faut donc s'en rapprocher, & les regarder
du côté, ou on les découvre au moins en
plus grande partie, & principalement celles,
qu'on a deffin de faire paroitre le plus. Il
eft rare de fatisfaire entièrement à cette regle, puisqu'il y aura toujours plus ou moins
de ces parties, qui feront ou cachées, où
trop eloignées.   On tache donc d'y remé-
dier autant qu'il eft poffible, de diminuer
le nombre des parties, qui ne paroitroient
point, & de faire enforte, qu'on en découvre au moins les principales.

§. 68.   La pratique de cette regle devient
plus facile, lorsqu'il s'agit de peindre les
Objets d'après nature, & qu'on a l'occafion
de chercher à fon aife le point de vue le plus
propre. C'eft ainfi qu'un peintre, qui veut
copier un païfage d'après nature, fe rend
fur quelque hauteur voifine, il y cherche
l'endroit, où il la domine le plus, & la peint
d'après vie.

§. 69.

§. 69. Mais ces fortes d'occafions ne s'offrent pas partout, & les montagnes, qu'on pourroit trouver, ne font pas toujours là, où on pourroit voir le beau côté de l'Objet, & où les parties paroiffent moins confufes. Souvent le point de vue le plus propre fe trouveroit dans l'air, & on ne fauroit prendre l'effor, pour s'y placer. C'eft dans ces Cas, où la Perfpective doit nous prêter du fecours, & comme l'expérience nous refufe le moien de tâtonner, il s'agit d'établir des regles, pour s'affurer du meilleur point de vue. Entrons là deffus dans quelque détail.

§. 70. Il feroit hors de propos & contre toute apparence de vérité, de tracer en Perfpective une plus grande étendue que celle, qu'on peut voir d'un coup d'œil, quand on fe place dans le point de vue du tableau. Voila ce qui limite en quelque forte l'éloignement de l'œuil, & la grandeur du tableau. Établiffons pour principe, qu'un angle de 90 dégrés borne la vue diftincte, & nous en déduirons les regles fuivantes.

§. 71. Qu'on fe place dans le point de vue, & que des extrémités de l'objet on tire des lignes droites dans l'œuil, l'angle que ces lignes y forment, ne doit point paffer les 90 dégrés. Paffe-t-on ces bornes, les objets peints vers les bords de la table auront une difproportion démefurée, & en regardant le tableau dans fon véritable point de vue, on ne fauroit voir d'un feul coup d'œuil tout ce qu'il repréfente. Et quand, pour éviter cet inconvenient, on s'en

éloigne

éloigne davantage, les extrémités du tableau
perdent le rapport naturel, qu'elles devroient
avoir aux objets du milieu. *Il faut donc s'é-*
loigner de l'objet jusqu'à ce qu'il se trouve au de-
dans des limites de la vue distincte, ou jusqu'à
ce que les raïons, qui sortent de ses extrémités,
forment dans l'œuil un angle, qui soit au dessous
de 90 dégrés.

§. 72. On place la table verticalement,
afin que les objets perpendiculaires sur l'horison y paroissent aussi comme tels. De là
Fig. 1. vient, que le point de l'œuil P & l'œuil O
se trouvent sur une même ligne horisontale.
Si donc le point A est au bord inferieur du
tableau, & que l'œuil se tourne droitement
vers P, il faut que A ne tombe point au
dessous de la limite de la vue distincte. D'où
il suit, *que le point le plus bas de l'objet ne doit*
point se baisser au delà de 45 dégrés sous la ligne
horisontale. Voici ce qui borne la hauteur
au dessus de la quelle on ne doit point s'é-
lever.

§. 73. Par la même raison *les objets éle-*
vés au dessus de l'horison ne doivent point l'être
au delà de 45 dégrés, afin de se trouver encore
au dedans des limites, que nous venons d'établir
pour la vue distincte.

§. 74. Ces deux regles se fondent partie
sur ce que la table est supposée verticale sur
l'horison, partie sur ce que l'œuil regarde
horisontalement. Le premier de ces deux
principes est introduit par la coutume, & se
justifie par la raison, que nous en avons
donnée,

donnée, c'est que de cette manière les objets, qui sont perpendiculaires sur l'horison,
y paroissent aussi comme tels. Mais en ad-
mettant ce premier principe, le second s'éta-
blit aisément. Car outre qu'il est naturel
aux hommes de regarder horisontalement,
nous supposerons, qu'en peignant le tableau
on ne s'attache point à cette règle, mais que
l'œuil se baisse pour voir suivant la direction
de la droite O a; & il est évident, que la
limite inferieure de la vue distincte s'abaisse
pareillement de 45°. au dessous de O a, &
qu'on pourra peindre des objets sur la table,
qui sont plus bas que 45°. Mais P a est en
raison des tangentes de ces abaissemens, &
ces tangentes croissent d'une façon démesu-
rée, dès que l'angle P O a est plus grand
que 45 dégrés. De là viendra, que les objets peints au bas de la table auront une
figure & une grandeur peu naturelle, qui
sautera aux yeux, dès qu'on ne se trouvera pas dans le véritable point de vue. Outre
cela il est moins ordinaire de regarder un
tableau sous un angle aussi oblique, & si
par hazard les circonstances le demandent,
on ne le repute pas comme naturel, mais
comme un effet de l'art du peintre. On
trouve des ces tableaux dans les Eglises, au
haut de parois, qui ne paroissent bien pro-
portionnés, que lorsqu'on les regarde de
de bas en haut, & c'est aussi le véritable &
quelques fois l'unique endroit, où on peut
les contempler. Exceptant donc ces cas
moins ordinaires, où la necessité demande
quelque aberration de la regle, il seroit hors

C   de

de propos, de transgreffer celles, que nous venons d'établir.

§. 75. Par les mêmes raifons *les extrémi= tés de côté & d'autre de l'objet, ne doivent point s'éloigner au delà de 45 dégrés de la droite* O P.

§. 76. Ces principes fuffiront pour déter- miner les limites, au dedans desquelles l'œuil doit être placé, pour avoir la fituation la plus propre dans chaque cas propofé. Nous en alleguerons quelques uns.

1. Si l'on ne veut peindre qu'une plaine horifontale fes extrémités ne s'éleveront jamais au deffus de la ligne horifontale, ce qui détermine fa limite fuperieure. Mais les objets les plus voifins ne doi- vent point fe baiffer au delà de 45°. au deffous de la ligne horifontale. Cette condition définit la plus grande éleva- tion, que l'on pourra donner à l'œuil. Sa diftance des objets les plus proches fe détermine par ce que les angles P O p, P O π ne doivent point paffer les 45°. fi donc F R Q eft la largeur de la bafe, ou du plan horifontal, les angles Q S F, Q S R, Q O S doivent être moindres que 45°. & partant Q S doit furpaffer chacune des droites Q R, Q F, S O. Et s'il n'y a point d'autre raifon, qui demande le contraire, on place la table enforte que les points R, F foient éga- lement éloignés de Q, où que l'œuil fe trouve devant le milieu de la table. Et comme dans ce cas tous les objets

fe

se trouvent au dessous de la ligne horisontale, on aime faire ensorte que l'angle P O Q soit bien plus petit que 45°,
dèsqu'il n'y a point de raison particulière,
qui demande, que les objets les plus
proches aïent sur la table les plus d'étendue que les limites préscrites permet-
tent.

2. S'il se trouve quelque objet élevé au
dessus du plan horisontal, il faut placer
l'œil à une telle distance, que ces objets ne s'élèvent que tout au plus de 45°.
au dessus de la ligne horisontale. Quel-
quesfois les limites trouvées pour le cas
précédent suffisent encore ici, & particulièrement si la hauteur des objets n'est
pas considerable. Dans les autres cas il
faut éloigner l'œil ensorte qu'il se
trouve au dessous de la ligne Q O, &
jusqu'à ce que les objets ne soient élevés que tout au plus de 45°. au dessus
de la ligne horisontale.

§. 77. Que la ligne de terre soit le com-
mencement du plan géometral, & que l'objet soit élevé verticalement au dessus du point
A, sa distance de la table sera A Q. Sous-
traïons cette distance de son élevation, &
prenons la moitié de la différence, cette
moitié doit être plus petite que S Q. De
même les droites Q P, Q R, Q F doivent
être plus petites que S Q, ensorte que S Q
surpasse toutes ces lignes. Mais si parcontre
la hauteur de l'objet est moindre que sa distance du tableau, il suffira, que QS soit plus

C 2   grande

grande que Q P , Q R , Q F , puisque dans
ce cas l'objet paroitra moins élevé que 45°,
encore que l'œil fe trouveroit en Q.

§. 78. Les regles , que nous venons de
donner, fuffifent pour déterminer la pofition
du point de vue. Car on trouvera le côté,
duquel il faut fe ranger , par la regle du §.
67, & la hauteur de l'œuil & fa diftance
par celle des §. 76. & 77. Au refte il eft
clair , que ces regles peuvent foufrir diverfes
exceptions, comme p. ex. dans les cas rapportés dans le §. 74.

§. 79. Nous avons deja remarqué , qu'on
fait communement Q R = Q F, en tournant
l'œil vers le milieu de la table, où fe trouve
le point principal, desqu'il n'y a point de
circonftance particulière , qui demande le
contraire. En voici une des principales. Il
arrive quelques fois, qu'il faut peindre ùn
objet enforte , que l'un de fes côtés doit fe
préfenter aux yeux préferablement aux autres,
comme p. ex. s'il s'agit de deffiner une chambre ou une rue, de façon, que l'un des côtés ou l'une des parois paroiffe plus développée, que celle qui eft vis-à-vis. En ce cas
on rapproche Q de F ou de R, afin que
l'un des côtés paroiffe plus en front que l'autre, & que tout ce qu'il y faut peindre fe
déploïe fur la table, en y occupant plus
d'efpace.

§. 80. Si l'un des objets, que l'on veut
faire paroitre le plus, confifte en plus ou
moins de Rectangles, qui font parallèles ou
perpen-

perpendiculaires entre eux, on n'a guéres de
fujet, de placer la table obliquement, & la
régularité du deffin exige de lui donner une
pofition paralléle aux côtés les plus proches
de ces Rectangles. L'avantage, qu'on en ré-
tire, c'eft que ces côtés feront paralléles fur
la table, & les autres pafferont par le point
de l'œuil P, & non par quelque autre p ou
π. Outre cela on y trouve une opération
affez fimple pour mefurer toutes ces lignes,
qui coïncident dans le point P, puisque les
points k, h, dont nous nous fommes fervis
dans les problêmes précedens, tombent de
part & d'autre fur le 45ᵉ dégré du transporteur, qui font également éloignés du point
P comme l'œuil du Spectateur (§. 28.) &
qui peuvent être trouvés, fans qu'on ait befoin de décrire toute l'échelle. Cette facilité fait, qu'on trouve ce cas dans tous les
traités de la Perfpective. Nous verrons dans
la fuite, que les autres cas ne font pas plus
difficiles, s'il n'eft queftion que de mefurer
des lignes quelconques.

§. 81. Voici tout ce qu'il faut pour fixer
le choix du point de vue, par rapport à
l'objet, qu'on veut peindre en perfpective.
Examinons encore le même choix à l'égard
du tableau. Il eft évident, que le tableau
doit avoir le même point de vue que l'objet,
puisque la peinture doit faire le même effet
dans l'œuil. Il n'y a donc, à le prendre à
la rigueur, qu'un feul point, dans lequel
toutes les parties du tableau ont une apparence naturelle, bien que du refte il y ait

fort

fort peu de cas, où la fituation du fpectateur
y foit abfolument reftreinte.   Que ce foit
par coutume, ou par d'autres raifons, il eft
fûr, que cette fituation ne laiffe pas que
d'être fort arbitraire dans la pluspart des cas,
& nous nous repréfentons à-peu-près le
même objet, quelle que foit nôtre diftance
du tableau.   En effet il y a des cas, où cette
difference n'eft d'aucune confequence, quant
à l'apparence de l'objet, mais il y en a d'autres où elle devient fenfible, & où l'on fe
voit obligé de trouver le véritable point de
vue comme par des effais, en reculant & fe
rapprochant du tableau, jufqu'à ce qu'on l'a
trouvé.   Examinons ici les raifons de cette
diverfité, entant qu'il fera néceffaire pour
nôtre but,

§. 82.   Si un tableau ne préfentoit qu'une
feule façade d'une maifon, il eft clair, que
la diftance de l'œuil feroit abfolument indif-
ferente.   De loin comme de proche on verroit la même façade & la même proportion
des parties, qui la compofent, précifement,
comme fi on la voïoit elle même à une
diftance proportionnée.   Auffi n'y a-t-il
d'autre difference dans l'un & l'autre cas,
que le plus ou moins de grandeur apparente,
qui dépend de la diftance du point de vue.
Le rapport entre les parties eft le même,
& toutes paroiffent proportionnellement plus
grandes ou plus petites,

§. 83.   Ce que nous venons de dire, a
encore lieu, lorsque la table offre des objets, qui font à-peu-près à une même distance,

tance , comme p. ex. des paniers de fleurs,
des buftes, du gibier, & d'autres pieces femblables.   Car dans ces cas , on n'exige d'autre point de vue, que celui , duquel la peinture peut être vue diftinctement.   Cependant
il faut dire , que ces exemples de même que
celui du §. précedent , n'ont que faire de
la Perfpective.

§. 84. Par contre la différence, que peut
produire un point de vue plus ou moins
éloignédu tableau , dévient plus frapante,
quand on y peint des objets fort éloignés
les uns des autres.   La proportion des parties varie en raifon de la diftance de l'œuil
de table.   Plus on fe retire , plus auffi les
objets éloignés paroiffent reculer , & leur
intervalle s'agrandit dans la même proportion.   En voici la démonftration.

§. 85. Soit N P la ligne horifontale , P le   Fig.6.
point de l'œuil , A B C D un quarré, dont
les côtés fe joignent en P.   Or les côtés
B C , A D étant paralleles à N P les angles
en A, B, C, D font droits & A B C D repréfentera un rectangle, dans quelque éloignement qu'on le regarde.   Mais le rapport entre les côtés varie.   Suppofons la diftance
de l'œuil d'abord P M , & puis P N , & tirons les droites M B Q, N B D il eft clair,
que dans le premier cas A Q & dans le fecond A D fera égale à la longueur de A B.
(§. 51. 80.)   Or puisque dans l'un & l'autre
cas le côté A D ne change point de longueur, il eft clair que les côtés A B, D C pa-

C 4   roitront

roitront plus longs, lorsque l'œuil en eſt plus éloigné, & qu'en changeant de diſtance le rapport entre A B & A D de même, que celui entre A B & B C variera. Mais le rapport de A D à A Q eſt le même, que celui de P N à P M, donc il eſt auſſi le même que celui de la diſtance de l'œuil du point P, ou de la table. D'où il ſuit, que les côtés A D, B C parallèles à l'horiſon reſteront de la même longueur, mais que ceux qui ſont dirigés vers l'horiſon N P paroitront plus longs en raiſon de la diſtance de l'œuil, & plus qu'il ne faudroit, ſi l'œuil ſe trouve plus éloigné que le veritable point de vue.

§. 86. Ce changement de rapport ſaute quelquefois aux yeux. Que le rectangle A B C D répréſente le fond d'une chambre, & que ſur les trois côtés A B, B C, C D on ait deſſiné des parois, & en E, F des portes d'une grandeur égale. Ces deux portes paroitront auſſi également grandes, des que l'œuil ſe trouve dans le véritable point de vue. Mais s'éloigne-t-on davantage, la porte en E paroitra plus large, que celle en F. Et comme la hauteur apparente ne varie pas, la porte en F perdra ſon rapport de la largeur à la hauteur. Ce changement des rapports produit en pluſieurs cas une disproportion démeſurée des parties, & oblige quelques fois ceux, qui contemplent le tableau, à chercher le véritale point de vue, ou au moins l'endroit, ou cette disproportion dévient moins frappante.

§. 87.

§. 87. Cependant cette irrégularité apparente ne s'obferve pas toûjours , & elle fe
perd facilement dans les petits tableaux.
C'eft ainfi qu'on voit des petites tailles dou-
ces, qui repréfentent un païfage d'une très
grande étendue, l'œil, pour fe mettre dans
le veritable point de vue , ne dévroit s'en
éloigner que d'un pouce. Mais qui pourroit voir à une fi petite diftance ? Non ob-
ftant cela le païfage fe préfente fort bien
dans un plus grand éloignement de l'œil,
ou à fa diftance naturelle. Il faut donc
qu'outre la coutume il y ait encore une autre raifon. Peut-être ne regarde-t-on la petite Eftampe que comme une copie d'un grand
tableau, qui repréfenteroit les objets dans leur
raport naturel, étant placé à la diftance ordinaire de l'œil, quoiqu'il y ait des cas, où
cette fubftitution ne fauroit avoir lieu. Au
refte la coûtume, qui nous aprend en bien
d'autres occafions, à conclure de l'apparence
à la verité, peut contribuer beaucoup, à
nous faire confiderer une peinture hors du
veritable point de vue, comme fi nous nous
y trouvions. Mais il aura toûjours cet avantage, que l'œil y étant placé, le tableau
doit neceffairement paroitre naturel, & qu'il
le paroit en effet, & fans l'aide de la coûtume.

§. 88. Il y a d'autres cas , où le point
de vue fe détermine comme de foi même,
ou dans lesquels il faut le chercher de necef-
fité. Nous en avons donné une exemple dans
le §. 74. On peut auffi ranger dans cette
C 5 claffe,

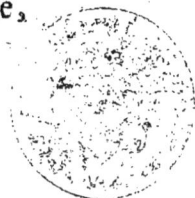

claffe , les petites peintures , qu'on ne fauroit voir dans leur beauté veritable que par
une loupe , qui y eft deftinée , & qui les
agrandit. Ajoutons y encore tous ces tableaux , qui ont eux mêmes une pofition
inclinée , & dans lesquels des objets perpendiculaires fur l'horifon ne paroitroient pas
comme tels , fi on ne fe plaçoit dans le
point de vue , qu'on leur a donné en les
peignant. Tels font tous les tableaux peints
fur des voutes , & géneralement fur des
furfaces courbées & inclinées. Car ici il
n'eft point queftion des anamorphofes , &
des tableaux qui ne fe préfentent bien qu'é-
tant regardés dans des miroirs cylindriques,
coniques, pyramidaux & d'autres femblables,
& non plus des figures , que l'on a peintes
fur les furfaces de plufieurs Prismes joints
l'un à l'autre.

§. 89. Comme donc la diftance de l'œuil
de la table eft affez arbitraire dans la pluspart des cas , on ne fauroit donner des
regles , dont la pratique feroit univerfelle
& abfolument neceffaire. Nous ne laifferons
pas cependant que de fupófer l'avantage du
veritable point de vue affez important, pour
s'y conformer , enforte , que quand même
on ne fe trouve pas précifement obligé de
s'y placer , on puiffe au moins le faire. Cette
condition étant établié comme un principe,
voici ce que nous en déduirons.

§. 90. Le tableau dévant pouvoir être re-
gardé dans fon veritable point de vue , il
                                        faut

faut que fa diſtance n'excede point les bornes de la vue diſtincte.　Ces bornes varient
à la verité fuivant qu'on a la vue longue ou
courte.　Mais comme les Presbites & les
myopes fuppléent aux défauts de leur vue
par des lunettes, on peut établir un certain
milieu, qui fe trouve plus facilement.

§. 91. Outre cela il faut auſſi avoir égard
tant à la grandeur du tableau qu'à celle des
objets, qu'on y veut peindre.　Ce feroit
contre les regles établies cy deſſus (§. 70.
71. feqq.) que de prendre un point de vue
ſi proche, que l'œuil s'y plaçant, ne pourroit voir tout le tableau d'un coup.　Si donc
la table eſt fort grande, il faut auſſi éloigner
davantage le point de vue, puisque la plus
petite diſtance, qu'on puiſſe lui donner,
doit toûjours être plus grande que la moitié de la largeur & de la hauteur du tableau,
ou pour mieux dire, elle doit furpaſſer la
diſtance du point principal des bords du tableau.　Mais comme dans ce cas il arrive
que l'œuil s'en éloigne audelà de la portée
de la vue diſtincte, les petites parties du
tableau fe perdent de vue & fe confondent.
D'où il arrive qu'on ne les peint fouvent
qu'à la légere, & par là même on oblige
le fpectateur à s'en éloigner davantage, &
à chercher la diſtance, où ces traits groſ-
fiers fe perdent & fe melent avec d'autres,
& repréfentent le tout dans fon apparence
naturelle.　Un tableau de cette nature étant
vu de trop près, reſſemble aſſez à la main la
plus delicate d'une dame vue par le micro-
scope.

fcope. L'éloignement, qui ternit les parties rabotteufes, donne une plus belle apparence à l'une & à l'autre. On trouve cependant de ces tableaux, où le peintre s'eſt donné la peine de prononcer jusqu'aux moindres parties, & qui font beaux ſoit qu'on les conſidére de loin ou de près. A une plus grande diſtance, on jette les régards ſur le tout, pour en voir la ſymmetrie, & de près on contemple le détail des parties.

§. 92. On peut étendre les limites de la portée de la vue diſtincte depuis 4 pouces jusqu'à 2 ou 3 pieds, en paſſant des Myopes aux Presbites. Le milieu peut être pris de 8 jusqu'à 16 pouces. Si donc le tableau eſt aſſez petit pour être vu d'un ſeul coup à cette diſtance, il ſera propre à y deſſiner jusqu'aux moindres parties. Le point de vue eſt dans ſa diſtance naturelle, & il ne faut point le chercher, pour voir toute la peinture dans ſa véritable apparence, puisqu'il n'y a rien de plus ordinaire, que de s'approcher du tableau de façon qu'on y demêle toutes les parties.

§. 93. Si en ſuppoſant la table plus petite, on veut néanmoins retenir cette diſtance naturelle du point de vue, & que l'objet, qu'on y veut mettre en perſpéctive eſt fort grand, il faudra s'en éloigner beaucoup au delà du terme, que nous avons defini cy deſſus, & qui eſt le plus proche, qu'on puiſſe admettre, ſans trop défigurer l'objet, que l'on peint.

peint. Car puisque dans ce cas la grandeur du tableau & sa distance de l'œuil sont données, il faut reculer de l'objet, jusqu'a ce que la table le couvre entiérement.

§. 94. Mais comme dans ce cas les objets les plus proches, que l'on veut peindre se retrecissent, en s'approchant de la ligne horisontale, il est clair, que ceux qui se trouvent sur une plaine horisontale ne se développent gueres. Si donc on vouloit les peindre plus en détail, il n'y auroit d'autre moïen, que de donner plus d'étendue à la table, ou de diminuer sa distance de l'œuil.

III. SEC.

****

III. SECTION,

De divers Inftrumens, propres à abré-
ger la pratique de la Perfpective.

§. 96. Quoique les regles, que nous avons
données dans la prémiere Section pour mefurer les angles & les lignes d'un plan perfpectif, foient faciles, & univerfelles, il y
refte néanmoins quelque prolixité dans l'operation, & on fe voit obligé quelques fois à
tirer plufieurs lignes pour determiner la pofition d'un feul point, dont on aimeroit pouvoir fe paffer. Je tacherai donc d'abreger ce
travail par l'ufage de divers Inftrumens, dont
quelques un font déja connus, & dont les
autres peuvent être accommodés à ce but.
La pratique n'eft jamais fufceptible d'une rigueur géométrique, & il importe peu, qu'on
conftruife les figures géométriquement en fe
fervant de la regle & du compas, ou qu'on
y emploïe d'autres inftrumens, qui nous pré-
tent le même fervice avec moins de peine.

§. 97. Le premier de ces Inftrumens fera
le *Compas de Proportion*, dont l'ufage dans la
perfpective peut devenir fort étendu, fi on
refout les Problêmes, qu'on peut propofer
fur ce fujet. Tout le monde peut fe le pro-
curer, & tel qu'il eft actuellement, en fe
fervant des *parties égales*, on fe trouvera en
état de faciliter & d'abreger les operations
pour

pour la meſure des lignes. Nous verrons dans la ſuite, comment il faut le conſtruire pour le rendre plus propre à ce but. Commençons par faire voir ſon uſage actuel.

§. 98. Chaque deſſin en perſpective préſuppoſe deux points comme donnés. Le premier eſt *la diſtance de l'œil de la table*, & ſert à conſtruire le transporteur ſur la ligne horiſontale (§. 26.) dont l'uſage eſt aſſez facile, pour que nous n'aïons pas beſoin de rafiner là deſſus. Le ſecond point eſt *la hauteur de l'œil ſur la baſe, ou ſur le plan géometral*, ou ce qui revient au même la diſtance entre la ligne de terre & la ligne horiſontale, qui nous ſervira d'échelle, pour meſurer les autres lignes, en y emploïant le compas de proportion. En voici les principes.

§. 99. Chaque point de l'objet ſe peint là, où les raïons, qui en émanent vers l'œil, paſſent par la table ; de là vient qu'un ſeul point ſur la table peut répreſenter une ligne entière, & une ſimple ligne peut être l'image d'une ſurface, & celle de toutes les lignes, qui s'y trouvent. Si donc on tire une droite quelconque perpendiculaire ſur la ligne de terre, ou ſur l'horiſon, cette droite peut répreſenter l'apparence d'une ligne horiſontale auſſibien que celle d'une ligne perpendiculaire ſur l'horiſon.

§. 100. Que C P N ſoit l'horiſon, A G la Fig. 7. ligne de terre, A B un mur verticalement élevé ſur l'horiſon, & le coupant en C. A C ſera la partie audeſſous, & C B celle audeſſus

deſſus de l'horiſon CN.   Tirez AD, BF
dans un même point a ſur CN, & AD, CE,
BF feront des paralleles horiſontales. ($. 18.
55.) & AC ſera égale à DE, de même
CB=EF.   Or AC étant la hauteur du mur
depuis la baſe juſqu'à l'horiſon, DE la ré-
preſente auſſi, & partant l'échelle pour meſurer AB, & DE doit être proportionelle
à ces deux lignes.   Si donc l'élevation de
l'œuil audeſſus de la baſe eſt donnée, p. ex.
de 10 pieds, chacune des lignes AC, DE
auront 10 pieds, étant priſe depuis la baſe
en A, D juſqu'à l'horiſon en B, E.   Suppoſons, qu'il faille prendre ſur DF une hauteur quelconque donnée, il n'y aura qu'à
diviſer DE en 10 parties, ces parties répre-
ſentent l'échelle des pieds, ſur la qu'elle on
prendra la hauteur, qu'on vouloit donner à
DF.   Mais cette échelle variant à l'infini ſuivant les différentes poſitions de la baſe, il
eſt donc évident qu'au lieu de les conſtruire
toutes, on n'aura qu'à ſe ſervir du Compas
de proportion, qui tiendra lieu de toutes.
Pour peu que l'on ſache l'uſage des parties
égales, on ſaura dans chaque cas lui donner
l'ouverture réquiſe, pour l'échelle qu'on veut
avoir.   Comme dans nôtre exemple on n'a
qu'à porter la diſtance AC, ou DE ſur le
nombre des pieds de la hauteur de l'œuil,
ou ſur un des ſes multiples, pour lui donner
l'ouverture, qu'il doit avoir.   Voïons les cas,
où on peut s'en ſervir.

PRO-

PROBLEME 10.

§. 101. *Deffiner en* K *une Colonne, ou le coin d'une maison, dont la hauteur est donnée.*

SOLUTION.

Portez K J fur les parties égales, en ouvrant le Compas de Proportion, enforte que K J convienne an nombre des pieds, que contient la hauteur de l'œil fur la bafe ou le plan géometral, & prenez y la diftance, qui repond à la hauteur de la colonne, portez la de K en H, & KH en fera l'apparence. Car le point K étant le pied de la colonne la diftance K J fera égale à la hauteur de l'œil audeffus du plan géometral. Sachant donc cette hauteur exprimée en pieds, il faut donner autant de pieds à K J, ce qui fe fait moïennant le Compas de proportion, puisque la colonne étant parallele à la table, toute la hauteur K J H fe divife en des parties quelconques géometriquement.

PROBLEME 11.

§. 102. *Un objet d'une grandeur donnée devant être deffiné comme dans l'air en* H, *trouver l'échelle, fur laquelle on puiffe lui donner fa grandeur apparente.*

SOLUTION.

1. *Cas.* Si fa hauteur audeffus du plan géometral eft donnée. Souftraiez en la hauteur de l'œil, & le refte fera la mefure de H J, que l'on transportera fur le compas de proportion, pour lui donner fon ouverture.

D   2. *Cas*

2. *Cas.* Le point K étant donné, audeſſus duquel ſe trouve l'objet en H. Dans ce cas HJ aura autant de pieds, que la hauteur de l'œuil. Portant donc HJ ſur ce nombre ſur les parties égales, l'ouverture de l'Inſtrument vous donnera l'échelle pour deſſiner l'objet.

§. 103. Ces deux Problêmes contiennent les cas, où il faut meſurer ou déterminer la hauteur des objets. Et comme toutes les lignes perpendiculaires à ces hauteurs & paralleles à l'horiſon CN ont la même échelle, on reſoudra facilement le ſuivant.

PROBLEME 12.

§. 104. *Une ligne* ML *du plan horiſontal étant parallele à l'horiſon* CN, *trouver l'échelle, pour la diviſer en ſes parties.*

SOLUTION.

Portez la diſtance LQ ſur l'Inſtrument, en lui donnant autant de pieds, qu'à la hauteur de l'œuil, & ſon ouverture vous donnera l'échelle, qu'il faloit chercher pour LM.

§. 105. Mais ſi la ligne propoſée eſt audeſſus du plan géometral, p. ex. 1m, il faut ſavoir ſon élévation 1L, & la même échelle, que nous venons de trouver pour LM ſervira auſſi pour 1m.

§. 106. Il ne faudra même, que ſouſtraire 1L de LQ, qui eſt donnée par la hauteur de l'œuil, & le reſte déterminera l'échelle pour

1Q

1 Q & 1 m , étant porté sur le compas de proportion.

PROBLEME 13.

§. 107. *Une ligne* J R *, passant par l'horison* C N *, étant donnée, en couper une partie d'une longueur donnée.*

SOLUTION.

Tirant R T parallele à C N , la distance R N vous donnera l'échelle pour R T (§. 104. 105.). Faites R T d'autant de pieds, que T S doit avoir. Comptez de P en V autant de dégrés, qu'en a la moitié de l'angle S R T (§. 49. 28.) & tirez T V , qui coupera la droite T V en S, & R S sera la ligne qu'il faloit dessiner.

§. 108. De cette manière on divisera chaque ligne horisontale en des parties quelconques proposées, & la droite R T représentera en tous les cas l'échelle géometrique pour la division perspective de R J , qui s'absoudra par les droites tirées de V dans les points de division marqués sur T R.

§. 109. Remarquons encore, que ce que nous venons de faire voir touchant le plan horisontal, aura également lieu à l'égard de tous les plans qui sont perpendiculaires à celui de la table, comme nous l'avons déjà dit au §. 59. Dans ces cas A C, D E, L Q, R N feront égales à la distance de ces plans du point P.

D 2 §. 110.

§. 110. Le dernier de ces problêmes, dont l'usage est fort étendu, ne laisse pas que d'être encore assez diffus. Car quoique, pour prendre la distance R N, on n'a pas besoin de tirer la droite N R, on est pourtant obligé de prolonger R S jusqu'en J, de tirer R T, de compter les dégrés sur J P & P V, & de tirer encore V T. Il est vrai que cette prolixité se compense, quand il s'agit de diviser plusieurs lignes coïncidentes en J, puisque toutes ces lignes ont le même centre de division V. Cette operation s'abrege encore, lorsque la ligne qu'il faut diviser ou mesurer tombe en P, puisqu'en ce cas le centre de division se trouve sur le 45me dégré, & que sa distance de P est égale à celle de l'œil du même point, & ce cas est un des plus ordinaires (§. 80.). Nous verrons dans la suite, comment on peut racourcir les operations dans les autres cas.

§. 111. Le second Instrument pour faciliter le dessin en perspective est le même compas de proportion, mais construit de façon qu'il puisse y servir plus immédiatement. Pour cet effet il faut examiner de plus près la division des lignes, qui se terminent en quelque point de l'horison, puisque leur parties se retrecissent à mesure qu'elles s'éloignent. Or on peut prouver facilement, que toutes les lignes, qui se terminent dans un même point de la lingne horisontale, se divisent aussi de la même façon (§. 43. *seqq.*) & qu'ainsi elles ne différent que par rapport à la grandeur de leurs parties. Car i J, k K,

I L

I L repréfentent des lignes égales.   Et comme Fig. 4.
elles fe terminent dans le même point de
l'horifon H , & que J L eft parallele à l i , il
eft évident , que les droites H i , H k , H l ,
ont un même rapport à H J , H K , H L.
Si donc de toutes les lignes , qui fe terminent en H , on n'en a divifé qu'une feule,
les autres fe diviferont par une fimple réduc-
tion géometrique de leurs parties , qui font
plus ou moins grandes en raifon des lignes
entières.   On applique cette obfervation de
la même manière aux lignes , qui font élevées
audeffus du plan horifontal , comme n k
l'eft à l'égard de m k , puifque le rapport
géometrique de m o à n p eft le même, que
celui de m k à n k. (§. 56. 43.).

§. 112. Si toutes les lignes , qui fe terminent en divers points de l'horifon , pouvoient
être divifées comme celles , que nous venons
de confiderer , & qui concourrent dans un
même point , il feroit facile de conftruire
fur le compas de proportion une divifion
univerfelle , qui pourroit tenir lieu de toutes
les autres , en ce que fon ouverture plus ou
moins grande fourniroit les échelles pour
chaque cas particulier.   Que les lignes p N , Fig. 4.
p M , h z , h q foient coupées par les deux
droites N q , n μ , paralleles à l'horifon C D,
les parties N n , M m , de même que y z &
q μ réprefenteront des lignes égales, mais les
deux premières ne font point égales aux deux
dernières puifqu'elles terminent en differens
points p , h , de l'horifon.   Cependant elles
font au moins proportionelles , & leur rap-

port

port eft le même que celui des fecantes de
leur déclinaifon du plan vertical. Ce rapport
fervira toûjours a déterminer les unes par les
autres.

§. 113. Les deux rapports, que nous venons de trouver (§. 111. 112.) fufiroient
pour les lignes, que l'on peut tirer fur un
même tableau. Si donc on vouloit borner
l'ufage du Compas de proportion à un feul
cas, il feroit facile de l'y accommoder. Mais
défqu'il doit fervir univerfellement & pour
des tableaux quelconques, on rencontrera
encore deux autres rapports. Le premier
dépend du nombre de pieds, dont l'œuil eft
éloigné de la ligne de terre, & le fecond
varie fuivant la grandeur d'un pied, qu'on
prend pour l'échelle naturelle. Il s'agit donc
de concilier & d'ajufter ces quatre rapports
de manière, que le compas de proportion
les exprime tous, & fans que l'operation
en devienne plus compliquée. Voici comment nous nous y prendrons.

§. 114. Les deux derniers rapports (§. 113.)
fe concillent aifement, quand on fubftitue
à l'objet même, un plan géometral, qui
touche la table à la ligne de terre, & qui
par confequent ait auffi la même échelle naturelle, par laquelle on determine auffi la
diftance de l'œuil de la table, puisqu'elle
aura autant de pieds, pris fur cette échelle,
qu'en a la diftance de l'œuil de l'objet mé-
me mefurée réellement & en grande mefure.
Ceci étant prefuppofé, le compas de proportion

portion se construira de façon que le nombre des pieds sera rapporté dans la division des lignes de l'Instrument, & la grandeur des pieds de l'échelle dépendra de son ouverture. Le nombre varie de dessin en dessin, mais il est constant par le même. La grandeur dépend de la position des lignes plus ou moins oblique, & varie dans un même dessin en une infinité de manières.

§. 115. Voïons maintenant, comment on ‹Fig.›
divise la ligne, qui tombe perpendiculairement du point P sur la ligne de terre. Que l'œuil se trouve en O, le point principal soit P, la ligne de terre FR, un point du plan géometral quelconque A, pris sur la droite AS, & son apparence sur la table a. Or PQ, OS étant verticales, PO & OS parallèles à l'horison, le rapport de AS à OS sera le même que celui de OP à Pa. Mais pour un même tableau OS, & OP sont constantes. donc Pa sera en raison réciproque de AS. Si donc AS est 1. 2, 3, 4, &c. fois plus grande que SQ, Pa sera la $\frac{1}{1}$, $\frac{1}{2}$, $\frac{1}{3}$, $\frac{1}{4}$ &c. partie de PQ. Pour peu qu'on ait effleuré l'analyse des lignes courbes, on remarquera facilement, que ces fractions vont en diminuant comme les ordonnées d'une hyperbole entre son Asymtote, & que par conséquent cette courbe peut être utile pour les dessins en perspective.

§. 116. Le rapport entre PQ & Pa dépendant de celui entre AS & SQ, comme étant le même, on pourra regarder SQ &
D 4   PQ

PQ comme des unités. Qu'on fasse succes-
fivement AS = 1, 2, 3, 4, 5 &c. & on trou-
vera Pa = $\frac{1}{1}$, $\frac{1}{2}$, $\frac{1}{3}$, $\frac{1}{4}$, $\frac{1}{5}$ &c. Ces fractions
font voir comment la droite PQ doit être
divisée, & de la même manière on divisera le
Compas de proportion.

§. 117. Les deux unités, que nous avons
prises, font d'une nature différente. La
droite PQ est l'apparence d'une ligne infiniment longue, & nous la regarderons comme une unité entant qu'il s'agit de construire
le compas de proportion, dont la longueur
des lignes la représentera. Par contre SQ
s'exprime dans une mesure connue, p. ex.
en pieds, en toises, &c. & dans cette mesure
on prend toutes les lignes qu'il faut mettre en
perspective. Donc l'unité, que nous avons
prise pour SQ peut designer un nombre
quelconque de pieds, de toises &c. Mais
pour nous épargner la peine de la reduction,
nous tacherons de la marquer d'abord fur
l'Inftrument. Voici comment.

Fig. 8.   §. 118. Soit AF le compas de proportion.
Du centre F tirez de côté & d'autre cinq
lignes, pour les quelles on prendra la distance de l'œuil de la table 2, 4, 6, 8, 10.
Que chacune de ces lignes représente la hauteur de l'œuil fur le plan géometral, ou ce
qui revient au même, celle du point principal de la ligne de terre, que nous avons
défignée par l'unité (§. 116. 117.) Faites
une échelle, fur la quelle la longueur de ces
lignes foit divifée en parties decimales, &
les

les lignes elles mêmes se diviseront comme nous allons en donner l'exemple pour la ligne F B , F b , qui est pour la distance 4. Supposez la distance de l'objet du pied du Spectateur successivement 5, 6, 7, 8, 9 &c. Prenez les $\frac{4}{5}$, $\frac{4}{6}$, $\frac{4}{7}$, $\frac{4}{8}$, $\frac{4}{9}$ &c. de la longueur F B , & portez les du centre F sur ces deux lignes F B , F b ; marquez les points, où ces parties tombent , & ecrivez y les nombres 4, 5, 6, 7, 8, 9 &c. Agissez de la même façon pour les distances de l'objet 4, 1. 4, 2. 4, 3 &c. 5, 1. 5, 2. 5, 3 &c. 6, 1 &c. & la ligne F B , F b , sera divisée perspectivement. La division des autres lignes de l'Instrument ne diffère point de celle de F B , qu'en ce qu'au lieu de la distance 4 on prend les distances 2, 6, 8, 10.

§. 119. Ces nombres étant ainsi portés sur l'Instrument tiennent lieu de tous les autres. Non feulement ils représenteront des pouces, des pieds , des toises , des verges &c. mais aussi leurs décuples , centuples &c. desque l'éloignement de l'œuil le demande.

§. 120. On n'a qu'à jetter les yeux sur la figure pour s'apercevoir aisément , que chaque nombre est autant de fois plus proche du centre qu'un autre nombre de la même ligne, plus il le surpasse , ou plus de fois ce dernier est contenu dans le premier. Car les nombres de ces lignes représentent dans la Fig. 1. les droites A S , mais leur distance du centre repond aux droites P a. Or ces deux lignes sont en raison reciproque l'une de l'autre. Voici maintenant l'usage de l'Instrument.

D 5   §. 121.

Fig. 9.   §. 121. Soit P K l'horifon, P le point de l'œuil, P O la diftance de l'œuil de la table, G J la ligne de terre. Suppofons P O de 60 pieds , & coupons de P G une partie G h, qui en contienne 20. Il faudra porter P G fur le nombre 60, 60 de l'Inftrument, pour lui donner l'ouverture requife [C'eft à dire fuivant la remarque du §. 119. fur 6, 6.] De 60, 60. nous compterons encore 20, 20 vers le centre , & nous prendrons la diftance de 80 à 80, laquelle étant portée de P en h , nous donnera G h, qu'il faloit déterminer.

§. 122. De la même manière s'il faloit couper de L P une ligne L M de 20 pieds, on auroit porté P L fur 60 , 60. & après avoir ouvert l'Inftrument , on auroit pris la diftance de 80 à 80. laquelle étant portée de P en M auroit coupé la partie L M , qu'on avoit cherchée. Ce procedé eft encore le même, s'il s'agit de couper une partie quelconque p' ex. de 20 pieds de la ligne l P, qui eft elevée audeffus de L P. Car en portant l P fur 60, 60 , on trouvera P m fur 80 , 80.

§. 123. Voici donc une manière fort courte pour divifer les lignes, qui fe terminent dans le point principal, ou d'en couper des parties d'une longueur quelconque donnée. Nous y joindrons encore les remarques fuivantes, pour la mettre plus en fon jour.

   1. Les parties coupées fe comptent toûjours du point de l'interfection de la ligne & de la table, comme font G, L, l.

                               2. Si

2. Si donc on vouloit couper une partie de 40 pieds, en commençant en h. Il faudroit dabord porter G P fur 60, 60. pour donner à l'Inftrument fon ouverture requife. Après quoi on y portera Ph, afin de trouver le nombre, qui lui repond comme dans nôtre exemple 80, 80. De ce nombre on compte 40, 40 vers le centre, jufquà 120, 120. & la diftance de 120, 120 étant portée de P en i, coupera la ligne hi, qui repréfentera une droite de 40 pieds.

3. L'échelle, fur laquelle on mefure O P ou la diftance de l'œuil de la table, eft la même, qu'on conftruit fur la ligne de terre & pour le plan géométral. (§. 114.)

4. Toutes les lignes de l'Inftrument étant divifées fuivant une même règle, prefque toutes les operations peuvent fe faire fur l'une comme fur l'autre. Cependant il faudra préferer celle, qui éxige la moindre ouverture de l'Inftrument, & fur laquelle les nombres, dont on veut prendre la diftance, font les plus éloignés du centre, puifque les parties y font plus détaillées & plus diftinctes. C'eft la raifon, pourquoi nous avons tracé cinq lignes. Dans les exemples, que nous avons rapportés, on fe fervira le plus commodément de la troifième ligne F C, Fc & on peut changer de ligne desqu'en continuant de compter, on s'approche trop du centre.   5. En-

5. Enfin la grandeur, qu'on peut donner à cet Inftrument, doit être déterminée fuivant celle des tableaux, qu'on fe propofe de faire, afin qu'on y puiffe porter les droites PG, PL, quelques longues qu'elles foient.

§. 124. Si les lignes, qu'il faut divifer, ou dont il faut couper des parties, ne fe terminent pas dans le point principal P, mais dans quelqu'autre p de l'horifon, la divifion demande quelque préparation. Nous avons déjà remarqué (§. 112.) que ces lignes font en raifon de la fecante de leur déclinaifon du plan vertical. Il faudra donc diminuer l'échelle en raifon inverfe de cette fecante, ou en raifon directe du Cofinus de la déclinaifon, ce qui fe fait en prenant la diftance O p au lieu de O P, puisqu'en effet le point p eft comme le point de l'œuil pour la droite p F.

Fig. 1.

Fig. 8.

§. 125. Prenant donc fur l'Inftrument une droite N Q, que nous regarderons comme le raïon d'un cercle, il faudra y transporter de N vers Q les Cofinus de la déclinaifon, & marquer les dégrés de la déclinaifon de Q vers O.

§. 126. Pour faire voir l'ufage de cette ligne, foit O P de 64 pieds, & que de la droite q p il faille couper une partie q r de 20 pieds. Cette droite fe terminant dans le 60me dégré du Transporteur, fes parties feront plus petites en raifon du Cofinus de cet angle. Portez le raïon N Q fur 64, 64. p. ex. de la ligne F C, F c, afin de donner à l'Inftrument l'ouverl'ouverture, qu'il doit avoir. Ce qui étant fait , prenez fur le raïon N Q la diftance N. 60. & portez la fur la même ligne F C, Fc, où elle quadre fur 128, 128. C'eft le nombre de pieds , qui repond à la diftance de l'œuil du point p, & elle fervira de la même ma- Fig. 9b nière comme la diftance P O de 64 pieds fervit pour les lignes , qui fe terminent en P. Portez la droite propofé p q fur 128, 128. [p. ex. fur la ligne F E, F e.] De 128, 128, continuez de compter encore 40 , 40. & prenez la diftance de 168 , 168 , que vous porterez de p en r , pour avoir la partie q r de 40 pieds , qu'il falloit trouver. En con- tinuant de compter , vous pourrez encore couper fur p r des parties de chaque longu- eur donné , & la divifer en telles parties, que le plan du tableau demandera. Quant aux autres lignes , qui fe terminent en p, il faut remarquer ce que nous avons dit touchant la droite I P. (§. 122. 123.) En y joignant ce que nous avons obfervé cy def- fus (§. 59.) fur les plans qui ne font point horifontaux , il ne faudra qu'un peu d'exer- cice, pour fe voir en état , de divifer tou- tes les lignes du tableau , foit horifontales foit inclinées , fuivant que les circonftances l'exigeront. Mais nous ne nous y arrete- rons pas d'avantage , d'autant que chacun pourra le trouver fans beaucoup de medita- tation, & que d'ailleurs cela ne ferviroit qu'à ceux , qui fe feront fabriquer cet Inftrument. Nous aurons encore diverfes occafions , d'en parler dans les Sections fuivantes.

§. 127.

§. 127. Voici cependant encore une remarque, qui ne servira non seulement pour
l'usage du Compas de proportion, mais aussi
en d'autres cas. Si la droite qp a une position fort oblique, desorte qu'elle ne sauroit
être portée sur l'Instrument, il faudra propor-
tionner qs & t r de la même manière, comme on l'a fait à l'égard de p q & p r. Et il
est clair, qu'on pourra trouver le point r,
sans prolonger pq au delà de la table, &
sans tirer les deux droites qs & r t. Car
qs est la distance de la ligne de terre de
l'horison, & peut être prise par tout; & le
point r se trouve facilement, dès qu'on a
pris sa distance r t sur l'Instrument. On
peut se servir de ce moien avec beaucoup
davantage, lorsqu'il faut diviser plusieurs
lignes, qui se terminent dans un même
point p. Car toutes ces lignes se diviseront
moiennant une seule ouverture de l'instrument, desqu'elles seront sur un même plan.

§. 128. Si on dessine en perspective une
surface, sur laquelle il y a nombre de lignes,
qui se terminent en differens points de l'horison, on pourra se faire une échelle universelle pour ce dessin. Nous en donnerons
simplement la methode de la construire, en
omettant la demonstration.

§. 129. Soit l'horison G P, le point de
l'œuil P, la ligne de terre Q H, la distance
de l'œuil de la table P O. Abaissez de P
en Q la perpendiculaire P Q, & divisez
cette ligne suivant une des methodes ensei-
gnées

F. 10.

gnées cy dessus. Par chaque point de division faites passer des parallèles à Q H, il est évident, que ces parallèles diviseront d'elles mêmes toutes les lignes, qui se terminent dans le point de l'œuil P.

§. 130. Du centre P décrivez le quart de cercle QG, & divisez le en dégrés, que vous compterez de Q vers G, & l'échelle sera préparée.

§. 131. Afin donc de diviser un ligne, p. ex. q p, qui se termine dans le 60e dégré de l'horison, vous porterez cette ligne du 60e dégré du quart de cercle M sur l'horison en r, & vous tirerez M r, & cette ligne sera divisée par les parallèles, tout comme q p doit l'être. On peut donc prendre sur M r des parties quelconques & les porter sur q p. P. ex. si q s doit être de 15 pieds, vous prendrez M n de 15 pieds, & vous porterez cette distance de q en s. Si vous tirez M P, vous aurez M P = p v, M n = s t.

§. 132. Le troisieme Instrument, qui pourra servir pour les desseins en perspective, se trouve de cette façon. Soit r P q l'horison, P le point de l'œuil, q r la ligne de terre, & qu'il faille diviser la droite q p, qui se termine p. ex. dans le 50e dégré, le centre de division se trouvera (§. 49.) sur le 20e dégré en r. Tirant donc r s, vous aurez q t, qui représente une droite égale à q s. Sur q p tirez les deux perpendiculaires q b,

F. 11.

q b , p a , & faites p a = p r , & q b = q s,
& joignez les deux points b , a.   La droite
b a paſſera par le point t , qu'il falloit trouver.   Car par la conſtruction, le rapport
entre q t & p t , q s & p r , q b & p a eſt
le même.

§. 133. Repréſentons nous donc trois
regles, dont l'une ſoit appliquée ſur p q,
l'autre y ſoit perpendiculaire ſur q b, &
dont la troiſieme ſoit poſée ſur p a, il eſt évident, que la ſeconde pourra être diviſée
comme l'échelle naturelle q s, & ſur la troiſième on pourra conſtruire le transporteur.
Appliquant donc un fil tendu ſur a, b, il
paſſeia par le point t, qu'il falloit déterminer.

§. 134. Ces trois regles s'ajuſteront enſorte que la regle a p puiſſe être coulée ſuivant une direction toûjours perpendiculaire
à p q, afin que le point d'interſection p ſe
trouve toûjours ſur le dégré du transporteur,
qui réponde à la déclinaiſon de la droite q p,
qu'il faudra diviſer.   De même la ligne q p
étant d'une longueur variable, on y appliquera la regle q b enſorte, qu'y reſtant toûjours perpendiculaire, on puiſſe la couler le
long de la regle q p, pour lui donner cha-
F. 12. que fois ſa longueur.   La 12ᵉ figure repréſente cette conſtruction aſſez clairement.
Remarquons encore, qu'on pourra affermir
les regles en p & q moïennant des vis, &
qu'on coulera en a un anneau mobile, auquel
on

on attache le fil a b t. Du reſte les deux échelles variant pour chaque deſſin, il ne faudra pas les y graver, mais il ſuffira de les y marquer en ſorte, qu'après s'en être ſervi, on puiſſe les effacer. L'uſage de cet Inſtrument pour la diviſion de toute ſorte de lignes inclinées peut ſe trouver facilement de ce que nous en avons dit cy-deſſus.

§. 135. Ajoutons encore un abregé dans l'operation, qui pourra en bien des cas rendre ſuperflu l'uſage du transporteur. Toutes les choſes étant comme dans le 7e Problême, (§. 49.) tirez P Q perpendiculaire Fig. 4. ſur P D, & faites la égale à la diſtance de l'œuil de la table. Si donc il faut diviſer une droite propoſée, p. e. r t, tirez Q t, & portez cette diſtance de t en h, & h ſera le Centre de diviſion, que nous avions trouvé par d'autres regles dans le Problême, que nous venons de citer. Car Q P étant le raïon du transporteur (§. 32.) Q t ſera la ſecante de l'angle P Q t, ou la coſecante de l'angle t q r. P t ſera ſa cotangente, & P h la tangente de ſa moitié. Or par les Principes de la Trigonometrie la coſecante d'un angle eſt égale à la ſomme de ſa cotangente & de la tangente de ſa moitié, donc il ſera auſſi Q t = t h. On pourra donc trouver le centre de diviſion h repondant à un point quelconque t, ſans y emploïer les dégrés du transporteur, puisqu'il ne faudra que porter la diſtance t Q de t en h. Il eſt auſſi évident, que t h = t Q eſt égale à

E   la

la diftance de l'œuil du point t, que l'on transportera donc en tous les cas du point donné t en h, pour avoir le centre de divifion, comme on le fait dans le cas le plus fimple, où la ligne, qu'il faut divifer fe termine dans le point principal P. (§. 80.) Si donc le transporteur n'avoit d'autre ufage, que la divifion des lignes, on pourroit l'omettre tout à fait, ce moien étant plus court. Et dans cette même vue on l'omettra auffi fur l'Inftrument, que nous venons de décrire. (§. 133. 134.)

IV. SEC-

IV. SECTION,

Contenant la pratique des regles données dans des exemples plus détaillés.

§. 136. Eclairciſſons maintenânt les regles, que nous venons d'établir, par des exemples plus détaillés, & voïons, quel ordre on pourra obſerver, pour deſſiner facilement les objets, de façon, que le tableau les pré-ſente aux yeux, comme on le deſire, ou comme les circonſtances le demandent. Avant toutes choſes il faut déterminer le circuit ou l'étendue de l'objet, que l'on ſe propoſe de mettre en perſpective, afin d'y conformer là grandeur du tableau ou celle de l'échelle. Ce qui étant fait, on trouvera le côté, du quel on doit placer le point de vue par la regle du §. 67. & enfin on déterminera la diſtance de l'œuil & ſa hauteur, moïennant les regles des §. 76. 77. 79. 80. 93. 94. Par là on remplira les conditions du deſſin, & on ſe trouvera en état de l'exécuter ſuivant le plan, qu'on s'eſt propoſé.

§. 137. Le premier exemple, qui nous ſervira à éclaircir ces regles, ſera le déſſin d'une chambre. Voici les points qu'il faudra fixer.

1. *Le Circuit.* Que la chambre ait la lon-gueur de 24 pieds, que ſa largeur ſoit de 16, & ſa hauteur de 12.

2. *Le côté du point de vue.* Que les deux côtés les plus longs se préfentent également aux yeux.

3. *La hauteur de l'œuil.* Que la chambre se préfente de la manière la plus naturelle, & qu'ainfi l'œuil foit élevé de 5 pieds, comme aïant la hauteur d'un homme de taille moïenne, qui fe trouveroit dans la chambre.

4. *La diftance de l'œuil.* Que les deux côtés les plus longs occupent fur le tableau tout l'éfpace, que les limites de la vue diftincte (§. 70. 76.) permettront, & partant que la diftance de l'œuil foit égale à celle du point de vue de l'extrémité du tableau.

Cet exemple éclairciffant le cas le plus fimple, que l'on trouve dans tous les traités de perfpective (§. 80.) nous l'avons choifi pour le premier, d'autant, que nous pourrons nous paffer du transporteur. Voici comment le deffin s'exécute.

F. 13. 5. Après avoir conftruit l'échelle naturelle, faites la droite A B de 16 pieds, érigez des perpendiculaires de 12 pieds à fes deux bouts, A, B, & achevez le rectangle A B C D, qui fera l'enceinte de la chambre.

6. Sur le point du milieu Q dreffez une perpendiculaire Q P de 5 pieds, & tirez O P V parallèle à A B, & vous aurez

le

le point de l'œuil P, & l'horifon PO.
(n. 3.)

7. Le point C étant le plus éloigné de P,
portez la diftance CP de P en O & V,
PO = PV fera la diftance de l'œuil de
la table, (n. 4.) & les conditions du
deffin feront remplies.

8. Des points A, B, C, D tirez des droites dans le point P. Comptez de B
vers A 24 pieds, & joignant le point
que vous trouverez, & le point V par
la droite Vr, qui coupera BP en b,
vous aurez Bb la longueur de la cham-
bres. Faites la droite ba paralléle à
BA, érigez en b & a des perpendiculaires ac, bd jufqu'aux droites CP,
DP, & joignez les points c, b, en tirant cb; abcd fera la parois, qui fe
préfente en front, ACca, BDdb feront les deux côtés, CcdD le plancher, & AabB le fond de la chambre.

9. Qu'il faille deffiner une porte dans la
parois ACca. Comptez de A en G
fa diftance du point A, p. ex. de 2 pieds,
de G en H fa largeur, p. ex. de 3 pieds,
tirez OG, GH, qui couperont la droite
AP en g & h. Portez fur AJ la hauteur de la porte, & tirez JP. Erigez
enfin des perpendiculaires en g & h,
& gklh fera l'ouverture interieure de
la porte. Soit EA l'épaiffeur du mur,
tirez EP, & les droites hm, ln paralléles à AB. Erigez une perpendicu-

E 3   laire

aire m n fur m, & tirez enfin p n vers
P.   Vous agirez de la même manière
pour deffiner les lambris, les corniches
& d'autres décorations, d'ont l'architecture orne les portes.

10. Au refte comme toutes les lignes de
ce deffin font ou paralleles à A B, où
coïncidentes dans le point de l'œuil, on
auroit pu divifer la droite P Q en pieds,
& elle auroit fervi d'échelle, pour déterminer toutes les diftances fur le fond
de la chambre.   C'eft ainfi qu'en portant g v & h i fur cette échelle, on trouvera la première de ces lignes de 2, &
la feconde de 5 pieds.

11. Si donc il faloit deffiner une fenêtre,
on prendra B G pour l'épaiffeur du mur,
g G pour celle de la fenêtre.   En tirant
g P, G P, on fera t v de 6 pieds, Z s
de 5$\frac{1}{2}$ pieds, en les prenant fur l'échelle
Q P.   Les lignes pointuées indiquent
fuffifement, comment il faudra achever
le deffin, fi on les compare, à celles,
que nous avons tirées pour la porte en
A a.   On obfervera facilement que l'é-
chelle en Q P n'eft autre chofe, qu'une
partie de celle, que nous avons décrite
cy-deffus (§. 128.)   On n'en aura pas
befoin, desqu'on s'eft fait faire le compas de proportion, comme nous l'avons
enfeigné dans la Section précedente,
(§. 111. & fuiv.)

§. 138.

§. 138. Comme dans l'exemple, que nous venons de donner, toutes les lignes font partie parallèles, partie coïncidentes dans le point principal P, nous n'avons pû éclaircir que les regles les plus simples & les plus faciles. Donnons en un autre pour faire voir l'application de celles, qui sont plus compliquées, & voïons, de quelle manière il faudra deffiner une figure telle que la quatorzième. Elle repréfente un partie d'un païfage, tel qu'il fe préfente à l'œuil, placé dans un fecond étage, ou à la hauteur de 18 pieds. La ligne de terre eft de 112 pieds, & fa diftance du pied du fpectateur monte à 68 pieds.

1. Tirez la ligne de terre, & faites la de 112 pieds.

2. Du point Q, vis-à-vis du quel le fpectateur fe trouve érigez une perpendiculaire Q P de 18 pieds, & par le point P tirez l'horifon V P W paralléle à la ligne de terre.

3. La diftance de l'œuil étant de 68 pieds, faites P V égale à cette longueur, & conftruifez le transporteur fur l'horifon par les regles du 1. Problême (§. 32.) & la préparation fera faite. Voici comment on deffinera chaque partie.

1. *La maifon* A B C.

4. Que fon côté B C prolongé fe termine dans le point de l'œuil P, & l'autre A B fera parallèle à l'horifon. Faites A B,

E 4   comme

F. 14.

comme la moitié du côté, qui se présente en front, de 14 pieds, sa hauteur
B b de 30, & A a de 50 pieds, ab B A
sera la moitié de la façade, sur laquelle
vous desinerez les fenêtres, géometriquement, en prenant les mesures sur
l'échelle naturelle A F.

5. Que le côté B C soit de 35 pieds,
Comptez de B en ɣ 35 p. tirez B C
dans le point P, & ɣ C dans le point
V, qui est le centre de division (§. 26.)
& C sera le Coin de la maison.

6. Tirez enfin a d, b c dans le point de
l'œuil P, C c paralléle à B b, & c d paralléle à a b, & le côté B b c C, de même que la surface du toit a b c d seront
deslinés.

7. Les bords horisontaux des fenêtres se
dirigent pareillement vers le point P, &
leur hauteur se prend sur l'échelle naturelle & se porte sur B b. On comptera
leur largeur, & leur distance du coin B,
depuis B vers ɣ, & les points de leur
base sur B C se trouvent, comme nous
venons de trouver les points C & c.

8. On déterminera de la même manière la
position des fenêtres sur le toit. N M
est leur hauteur, M m aboutit en P,
étant prolongée, B K est la distance de
l'extrémité antérieure du toit, K k se
tire en V, K L est paralléle à B b, &
L l à a b. C'est ainsi qu'on trouve le
point

point m, & les droites m n, m l. Il en eſt de même des cheminées.

2. La maiſon J E G.

9. Que le côté E G, prolongé, ſe termine dans le 30ᵉ dégré du transporteur P V, l'autre côté joindra le 60ᵉ dégré ſur la partie P W. (§. 30.) puisque l'angle G E J eſt ſuppoſé droit. Donc le centre de diviſion pour le côté E G ſe trouvera ſur le 30ᵉ dégré du transporteur P W, & celui pour E J ſera ſur le 15ᵉ dégré de l'autre part P V, (§. 52.)

10. Que le côté E G ſoit de 43 pieds. Comptez ce nombre depuis E vers H, & tirez H G dans le 30ᵉ dégré ſur P W. Cette ligne déterminera le point G, & partant la longueur apparente G E. On déterminera de la même manière la longueur E J, en ſe ſervant de ſon centre de diviſion (n. 9.)

11. Le coin E étant contigu à la ligne de terre, vous prendrez la hauteur E e ſur l'échelle naturelle, & en tirant e g dans le 30ᵉ dégré ſur P V, & érigeant G g perpendiculairement, vous deſſinerez toute l'apparence du côté E G g e.

12. Portez la hauteur du faîte de E en i, & tirez i f dans le 60ᵉ dégré ſur P W, E e f J ſera la moitié de la façade de la maiſon.

13. Tirez G p dans le même dégré ſur P W, J p & f h dans le 30ᵉ dégré ſur P V,

E ſ   P V,

PV, & érigez fur p la perpendiculaire
p h. Tirez enfin e f, g h, & vous aurez
la furface du toit g h f e. Les fenêtres
& les cheminées fe deffinent, comme
nous l'avons montré par la maifon A B C.
Saififfons l'occafion, que nous offre le
toit g h f e, pour ajouter une remarque
plus générale, & qui nous fervira dans
la fuite. Les deux lignes concourent
dans le 30ᵉ dégré du transporteur P V,
& les deux autres fe joignent quelque
part au haut de la table. Obfervons ces
deux points, & tirons une droite r q,
qui paffe par l'un & par l'autre. Cette
droite eft pour ainfi dire l'horifon du
toit g h f e, & nous prêtera à fon égard
le même fervice, que nous rend la ligne
V P W à l'égard de la plaine horifontale.
Quelques parallèles, que l'on tire fur le
toit, elles fe termineront toutes fur la
droite r q, tout comme les parallèles g h,
e f, e g, f h. Abaiffant fur r q une perpendiculaire P q, du point de l'œuil P,
le point q, qu'elle coupe, nous fervira
de point de l'œuil pour le toit g h f e,
comme P nous fert pour la plaine horifontale. Et la diftance de l'œuil de ce
point, eft l'hypothenufe d'un triangle
rectangle, dont les côtés font P V &
P q. Cette diftance fera le raïon, par
le moïen duquel on décrira fur q r un
transporteur (§. 32.) pour déterminer
tous les angles, qu'il faudroit deffiner
fur le toit g h f e. On pourra trouver un
autre transporteur pour le côté E G g e.

ll

Il paſſera perpendiculairement par le cen‑
tre de diviſion de ce côté, ou par le
30ᵉ dégré ſur P V, & dans ce cas E e.
feroit pour cette ſurface, ce que la ligne
de terre eſt pour le plan horiſontal.
Dans la ſuite de cet ouvrage nous au‑
rons occaſion de mettre cette remarque
dans tout ſon jour.

14. Après ce que nous venons de dire, le
mur du jardin ſe deſſine ſans difficulté.
On prend ſa hauteur ſur E e, & ſa lon‑
gueur ſe trouve comme nous avons trou‑
vé celle du côté. E G.

15. La filée des arbres ſe terminant dans
le même point de l'horiſon, leur diſtance
apparente, que nous avons faite de 20
pieds, ſe trouve comme celle des fenê‑
tres du côté E G.

16. Mais ſi on veut deſſiner un arbre iſolé
p. ex. en s, ce point étant donné, on
trouvera ſa hauteur par le 10. Problême
(§. 101.) Dans nôtre exemple la pro‑
fondeur du pied de l'arbre S au deſſous
de la ligne horiſontale eſt de 18 pieds.
Si donc la hauteur de l'arbre doit être
de 40 p. on fera s t de 40 parties, dont
la diſtance du pied S juſqu'à l'horiſon
contient 18. La hauteur étant détermi‑
née, les branches, l'épaiſſeur du tronc &c.
ſe peindront facilement.

17. Il en eſt de même de la maiſon deſſinée
à côté de cet arbre. Sa hauteur ſe dé‑
termine par le Problême, que nous ve‑
nous

nons de citer, & son côté, qui est parallèle à la ligne de terre se mesure suivant les regles du 12ᵉ Problème, & le
13ᵉ Problème enseigne la manière de dessiner le côté, qui est dirigé vers le point
de l'œuil P.

§. 139. L'ombre des corps, contribue
beaucoup, à donner du relief au parties du
tableau, à les distinguer d'une simple figure
géometrique, & à faire paroitre les corps
comme tels. C'est un art du peintre, que
de savoir la distribuer à propos, & de lui
donner les dégrés de force, qu'elle doit avoir.
La Perspective ne se mêle que de sa grandeur, & de sa direction, qu'elle enseigne à
déterminer. Les regles, qu'elle donne pour
cet effet, n'ont point de difficulté, & pour
les pratiquer il ne faut, que sçavoir, de quelle
part vient la lumière. Voici les differens cas,
qui peuvent se présenter, & que nous éclaircirons par des exemples.

§. 140. Premièrement si l'ombre provient
de la lumière d'une chandelle, il faut la dessiner ou marquer le point, où elle doit être
conformement au plan, qu'on s'est proposé
dans le dessin. Que la lumière se trouve en
F. 15. L, & qu'il faille tracer l'ombre du livre A C
posé sur la table. De Labaissez la perpendiculaire L B, laquelle tombe sur le milieu du
pied de la chandelle. Menez une droite
B A c, par B & A, & cette droite marquera
la direction de l'ombre de A C. Joignez les
points L & C, en tirant la droite L C c, qui
coupera A c en l c, & marquera en c l'extrémité

mité de l'ombre. De la même façon vous
déterminerez D d, & en joignant les points
d, c, vous aurez tout le circuit de l'espace
A D d c, que l'ombre occupe. Il est clair,
qu'elle se terminera là, ou le raïon L C c,
qui touche le bord du livre en C, entrecoupe
la direction de l'ombre A c.

§. 141. Si l'ombre provient du soleil, il
faut que sa position à l'égard de l'objet soit
donnée, ou on la prend arbitrairement. On
distingue les trois cas suivant. Car 1°. le soleil se trouve derrière la table, ou 2°. devant
elle, ou enfin il lui est parallèle, c'est à
dire dans le plan du tableau.

§. 142. Si le soleil se trouve derrière la
table, on pourra y marquer son apparence.
Que cette apparence soit en S. Abaissez la
perpendiculaire S M sur l'horison M P. Si
donc il faut marquer l'ombre, que jette la
verticale A B, on tirera deux droites par les
points M, A & S, B, qui se croisent en b,
& A b sera la longueur & la direction de
l'ombre de A B. On en agira de même pour
les autres extrémités de la porte A T, afin
de déterminer le circuit de son ombre A b n t p.
On voit aisément, que ce procedé ne diffère
de celui de l'exemple précedent, qu'en ce que
le point M se trouve sur la ligne horisontale,
puisque le soleil, de même que la perpendiculaire S M, qu'on abaisse sur le plan horisontal, est supposé comme infiniment éloigné
en comparaison de la grandeur des objets,
que l'on représente dans le tableau.

§. 143.

§. 143. Si l'endroit , où l'on place l'apparence du foleil, n'eſt point arbitraire, mais qu'il eſt déterminé par le lieu du foleil donné, il faut favoir trouver le point, où on doit placer fon image dans le tableau. Soit PQ la diſtance de l'œuil de la table. Faites l'angle MPQ égal à la déclinaiſon du foleil du plan vertical, & portez MQ de M en R. Faites l'angle MRS égal à la hauteur du foleil, & l'interſection des droites MS & RS, vous donnera en S le point, où il faut placer le foleil. Aïant trouvé les deux points S & M, vous pourrez déterminer l'ombre d'un corps quelconque, que vous aurez deſſiné fur la table. En voici encore un exemple.

§. 144. Qu'il faille marquer l'ombre, que jette l'échelle Cm appuyée contre le mur DG, dont la baſe ſe termine dans le point de l'œuil P. D'un point quelconque F abaiſſez une perpendiculaire FE fur l'horiſon, qui tombe en E. Par M, E menez la droite EG juſqu'au pied du mur, & joignez les points D, G par la droite DG, de même les points C, G par la droite CG, & CGD marquera la poſition de l'ombre, que jette CD. L'ombre de mi ſe déterminera de la même manière. Mais ſi mi eſt ſuppoſée parallèle à CD, on pourra abreger le travail. Prolongez GC juſqu'à l'horiſon en H, & par H, i tirez une droite ik juſqu'au mur, joignez k & m; & vous aurez l'ombre ikm, qu'il faloit trouver. Or aïant deſſiné l'ombre de toute la droite CD, il ſera facile de trouver celle de chacun de ſes points, comme p. e.

de

de L, puisque S, L, 1 font en ligne droite.
Et les échelons F, L étant paralléles, & tirant vers P, leur ombre se trouvera facilement,
puisqu'il sera parallèle aux échelons mêmes.

§. 145. Le second cas est, quand le soleil
se trouve devant la table. Son image ne
pourra pas y être marquée, mais le point du
ciel, qui lui est opposé, ou son Nadir, qui
se trouvera toûjours au dessous de l'horison,
parceque dans le cas opposé il n'y a point
d'ombre provenante du soleil.

§. 146. Pour trouver le point du Nadir,
soit PM l'horison, P le point de l'œuil. F. 17.
Que la perpendiculaire PQ soit égale à la
distance de l'œuil de la table, & que l'angle
PQM représente celui de la déclinaison du
soleil du plan vertical. Abaissez MN perpendiculairement sur l'horison, & considé-
rant MQ comme un raïon, faites MN égale
à la tangente de la hauteur du soleil, & M
sera le point, qui représente son Nadir.

§. 147. L'ombre de la droite verticale AB
se trouve, en tirant AM, qui marquera sa
direction, & en joignant B, N, la droite
BN coupera AM dans le point b, qui marquera l'extrémité de l'ombre. Car il est clair,
que l'ombre étant toûjours opposée à la lumière, sa direction doit être la droite AM,
& que tous les raïons, que nous considé-
rons ici comme parallèles, coïncident dans
le point N.

§. 148. Faisons ici une remarque, qui
nous fournira un nouveau moïen de diviser

&

& de mefurer les droites, qui fe terminent
en quelque point de l'horifon, que ce foit.
Confiderons A b comme le raïon d'un cercle;
il eft évident que A B fera la tangente de la
hauteur du foleil. Donc ces deux lignes auront entre elles un rapport conftant, dèsque
la hauteur du foleil fera la même. Pofant
donc cette hauteur de 45°. Nous aurons
Q M = M N, & partant A B = A b; c'eft à
dire A B, A b repréfenteront des lignes égales, & Q M, M N le feront en effet. Cette
qualité nous offre la methode fuivante de divifer les lignes. Qu'il faille p. ex. divifer
A b. Prolongez cette droite jufqu'à l'horifon en M. Divifez A B dans les mêmes
parties que vous voulez donner à A b (§. 100.
& fuiv.) Faites M N = Q M, & N fera le
centre de divifion. Appliquant donc la regle ou un fil au point N & à ceux que vous
avez trouvé fur A B, il coupera fur A b les
points repondans. Voici donc encore un
exemple pour éclaircir ce que nous avons dit
dans le §. 30. Car ici on fe fert de l'image
de la hauteur & de celle de fon ombre, pour
déterminer l'une moïennant l'autre, tout
comme la géometrie le fait à l'égard des hauteurs & de leurs ombres réelles.

§. 149. Le dernier cas eft, quand le foleil
fe trouve dans le plan de la table. C'eft le
plus facile, puisque la direction de l'ombre
eft paralléle à la ligne horifontale, & fa longueur eft dans un rapport conftant & géometrique à la hauteur de l'objet.

§. 150.

§. 150. Si les extrémités du corps, que les raïons du soleil effleurent, font des lignes parelléles à l'horifon, l'extrémité des ombres fera parallèle à ces lignes, donc toutes fe termineront dans un même point de l'horifon. Si donc le tableau repréfente une filée d'arbres, de colonnes ou d'autres objets femblables, leur ombre fe deffinera facilement. F. 16. C'eft ainfi qu'aïant trouvé le point b, b n fera parallèle à B N, & les points S, N, n font en ligne droite, n t & A r aboutiffent au même point de l'horifon P, & le point t eft dans l'interfection des droites n P, M n. Voïez en un autre exemple dans le §. 144.

§. 151. Si l'ombre d'un corps tombe fur un plan incliné, on fe fert d'un triangle vertical tel que A B b; que l'on deffine, puisque ce triangle marque la partie de l'air ombragée par la droite A B, & la ligne de l'interfection du plan de ce triangle & du plan incliné, que l'on détermine, y marquera la direction & la longueur de l'ombre. Voici le moïen, dont on fe fert communément.

§. 152. Mais on peut fe fervir d'un autre, quand on a trouvé la droite, dans láquelle toutes les parallèles tirées fur le plan incliné fe terminent. Nous l'éclaircirons par un exemple de la 14e fig. Rappellons nous pour cet effet (§. 138. n. 13.) que la ligne r q eft pour ainfi dire l'horifon du toit g e f h. Le foleil fe trouvant en S, abaiffez de S fur q r la droite S T. Si donc il faut deffiner l'ombre, que les chéminées jettent fur la furface du toit, on tirera t z dans le point, où les

F   droi-

droites gh, ef, fe croifent, & on fera vz
perpendiculaire fur le plan du toit. En tirant une droite par les points S, v prolongée en f, on joindra les points f, t, & tf
fera la direction & la longueur de l'ombre
de vt.

§. 153. Dans les cas précedens toute l'ombre a un même dégré de force, à l'exception
de fes extrémités, où elle fe perd infenfible-
ment, de même que l'ombre des objets plus
éloignés, qu'on exprime plus foiblement,
puisque l'éloignement en ternit la force. (§. 1.)
Mais fi la lumière, qui produit l'ombre, eft
fort grande, comme par exemple celle du
jour, qui tombe par une fenêtre ou par une
porte, on aura encore une penombre affez
grande. C'eft une ombre melée, d'un refte
de la lumière, que l'objet ne couvre pas entièrement, & elle eft d'autant plus foible,
plus il y tombe encore de lumière. L'ombre totale provient de fon entière privation.
L'une & l'autre eft limitrophe, de forte que
l'ombre totale fe perd dans la penombre, &
celleci dans la lumière, par des dégrés in-
fenfibles. Le deffin devant reffembler en tout
au naturel, il eft évident, qu'il y faut marquer auffi cette diminution fucceffive de
l'ombre, & que fes extrémités doivent fe
perdre & fe confondre dans le jour.

§. 154. Que la lumiere du jour tombe
F. 18. par la porte a b c d, & qu'il faille marquer
l'ombre & la penombre du corp e f g. Par
les points a, b, e, f, tirez les droites a e b,
b f i, de même que a f k, b e l, les deux
pre-

premières marqueront les extrémités de l'ombre totale, & les deux autres celles de la penombre. La longueur de la totale e h se trouve en tirant une droite c g h par les points c, h. Or a b & e f aboutissant dans le point de l'œuil P, tirez h i dans le même point, & e h i f sera le circuit de l'ombre totale. Si la lumière tombe par la porte de tout côté également, la penombre s'étend à l'infini, & on ne pourra marquer son extrémité, à moins qu'il ne se trouve quelque parois ou quelqu'autre corps, sur lequel elle puisse tomber. Dans ce cas on tirera une droite par b & g jusqu'à la surface de ce corps. Mais si on ne peut pas supposer, que la lumière, qui tombe de bas en haut soit assez forte, pour jetter quelque ombre sensible, on pourra se contenter de tirer par g une droite horisontale suivant la direction de b g, pour déterminer cette extrémité. Du reste la penombre se perdant dans le jour, son extrémité est trop foible pour être exprimée dans le tableau, desorte qu'il seroit superflu de se donner beaucoup de peine, pour la déterminer. On se contente communement de dessiner l'ombre totale, & de l'extenuer par dégrés vers les bords.

§. 155. En dessinant une chambre ou quelque autre partie interieure d'un édifice, on donne de l'ombre à toutes ces parties, où la lumière du jour ne tombe point directement, & qui ne sont éclairées que par la lumière reflechie. C'est ainsi que dans la 13e. fig. on tire une droite par les points m, p vers

A G,

A|G, & tout ce qui se trouve entre cette droite & le côté A g, est ombré plus fortement, puisqu'il ny tombe plus de lumière directe par la porte g n, & que celle, qui y tombe des fenêtres, est trop affoiblie par l'éloignement, pour y causer quelque clarté comparable à celle en g h.

§. 156. En dessinant un païsage, tel qu'il se présente dans le crepuscule, ou comme on dit, entre chien & loup, ou le ciel étant couvert de nuée, il y a une autre espece d'ombre, qu'on peut considerer plûtôt comme une lumière affoiblie. Toute la clarté des objets ne provient en ce cas, que de celle du ciel, & il est évident, qu'une campagne, ouverte à tout l'horison doit être plus éclairé qu'une autre, où quelque objet voisin couvre une partie du ciel. Une ruelle étroite est toûjours plus obscure, qu'un objet, qui se trouve en pleine campagne. Cette sorte d'ombre est plus difficile à être bien exprimée sur le tableau, que les précedentes, si le tableau doit ressembler à la nature, puisqu'on a de la peine à déterminer la quantité & la grandeur de la lumière, qui éciaire chaque objet. Je traiterai quelques uns de ces cas dans la Photometrie. Mais ici on n'a pas besoin de tant d'exactitude, & on peut se contenter de ce que dicte le bon sens, sur la distribution de l'ombre. C'est ainsi que le pied d'un mur en rase campagne, n'etant éclairé que de la moitié du ciel, il est évident, que dans le tableau il ne faudra lui
donner

donner que la moitié de la clarté, qu'on donne aux objets exposés à tout l'horifon. Par la même raifon il faudra doubler la force de l'ombre là où deux murs fe joignent perpend culairement, puisque l'angle, qu'ils renferment n'eft éclairé que du quart du ciel. C'eft ainfi qu'avec un peu de jugement, on déterminera le dégré de clarté, qu'il faudra donner aux objets, fuivant qu'ils font plus ou moins expofés à l'air.

F 3   V. SEC-

****

V. SECTION,

De la projection perspective des plans inclinés & des objets qui s'y trouvent.

§. 158. Les Sections précedentes nous fournissoient divers sujets, de parler de la manière de dessiner les objets, qui se trouvent sur des plans inclinés (§. 58. 126. 138. 151. 152.) & nous pourrions nous dispenser d'en poursuivre la theorie, si les cas, que nous venons d'examiner, étoient les seuls, |que la perspective embrasse. Car desque l'on suppose la table perpendiculaire à l'horison, il ne se trouvera gueres d'autres plans inclinés, que les toits des édifices & les surfaces des montagnes. Les premiers ne présentent point une varieté d'objets, qui exigeassent des regles plus detaillées, |& les montagnes sont trop irregulieres pour |être regardées comme des surfaces planes. Leur hauteur & leur distance se détermineront aisément par les regles, que nous venons d'établir, & elles suffiront également pour dessiner tout ce qui s'y trouve.

§. 159. Mais ces cas ne font pas les seuls, bienqu' soient les plus frequens. Le but, que nous nous sommes proposé, de rendre le plan géometral pleinement superflu, & de faciliter la pratique des regles de la perspective

tive , exige , que nous examinions aussi les
cas moins ordinaires , en faisant voir , que
les regles établies cy dessus, s'y appliquent
également. Nous avons déjà observé (§.88.)
qu'on donne quelques fois une position inclinée à la table elle même , & cette seule
circonstance fait disparoitre plusieurs opportunités , que l'on trouvoit dans le cas opposé. Le point de vue est moins arbitraire,
les objets perpendiculaires sur l'horison ne
se représentent plus par des droites paralleles , elles se croisent en quelque point , qu'il
faut déterminer , & ce qui se trouve sur
l'horison , doit être dessiné suivant des regles,
qui demandent quelque préparation. Tel
peintre, qui réüssira à merveille en peignant
sur des tables , qu'on suppose perpendiculaires à l'horison , trouve souvent ici des
embaras , qui dérivent du défaut des regles
plus faciles.

§. 160. Ce ne sont pas cependant les cas,
que nous examinerons particulièrement dans
cette Section , que nous destinons à une
théorie plus universelle , & qui nous fournira les regles , pour entrer dans ce détail.
Nous ne les avons rapportés ici , que pour
faire avoir , que cette théorie n'est nulle-
ment superflue, & qu'il sera utile , d'établir
des regles praticables pour les plans inclinés, Tâchons donc d'en developper les
principes, & d'en faire voir la ressemblance
avec celles , que nous donnames dans les
Sections précedentes pour le cas le plus frequent & le plus simple.

F 4

§. 161.

§. 161. Nous donnerons le nom d'*inclinées* à toutes ces lignes & à toutes ces surfaces, qui ne font ni perpendiculaires ni parallèles à la table , indépendement de fa pofition. On voit aifément que cette définition eft des plus univerfelles , & que nous ne la reftreignons pas à quelque condition particulière. F. 14. Ainfi p. ex. les furfaces G E eg, E e f i, g e f h, font inclinées fur la table , parcontre la furface A a b B lui eft parallele , & les deux furfaces B b c C, b a d c la coupent perpendiculairement, comme le plan horifontal.

§. 162. Le point de l'œuil P retiendra le nom, que nous lui avons donné , & nous ne l'appellerons *point de l'œuil principal* que lorsqu'il s'agit de le diftinguer de quelqu'autre. En ce cas nous entendrons par là celui, dans lequel tombe la perpendiculaire, qu'on tire de l'œuil fur la table, La droite V P W retiendra fon nom de *ligne horifontale* ou de *horifon*, lorsque le plan qui s'y termine, eft horifontal. Et il eft clair, que le point de l'œuil principal ne s'y rencontrera plus, des que la table eft inclinée fur l'horifon.

§. 163. S'il faut deffiner fur un même tableau des furfaces , d'une pofition différente , elles fe diviferont commodement en trois claffes.

I. Quelques unes font perpendiculaires à la table , & celles ci paffent néceffairement par le point de l'œuil principal. Telles font la plaine horifontale , les F. 14. furfaces B b c D, a b c d.

2. D'au-

2. D'autres feront paralleles au plan de la table , & tout ce qui s'y trouve fe def-fine fuivant les regles de la géometrie. p ex. A a b B.

3. Enfin elles s'inclinent vers la table , com-me p. ex. le toit & les côtés de la mai-fon l g , & celles ci ont leur horifon & leur point de l'œuil particulier. (§. 138. n. 13.).

§. 164. Ce dernier cas comprend deux au-tres , quand on compare deux furfaces à la fois avec la table , & leur inclinaifon fera ou *fimple* ou *double*. Car desque l'une des fur-faces eft regardée comme la *principale*, il eft évident , que les autres peuvent fe divifer en celles , qui y font perpendiculaires , & en celles , qui font inclinées , nonfeulement vers la table mais aufli vers la furface prin-cipale. C'eft ainfi que les côtés G g e E, E e f J, étant perpendiculaires fur la plaine, s'inclinent fimplement vers la table , parcon-tre la furface du toit g h f e a une inclinai-fon double , puisqu'elle eft oblique tant à l'égard de la plaine, qu'à l'égard de la table. Et fi au lieu de la plaine , on regardoit G g e E comme la furface principale , alors l'inclinaifon de G g e E feroit fimple , & celle du toit g h f e feroit double.

§. 165. Chaque furface , quelle que foit fon inclinaifon, a encore deux lignes , qu'il faut obferver préferablement aux autres , puisque ces deux lignes étant données , on pourra defliner tout ce qui fe trouve fur fon

F 5   plan.

plan. L'une eft celle, où le plan de la furface paffe par la table, & que nous avons
appellée ligne de terre dans le cas, où la
furface eft horifontale. On pourra l'appeller
plus géneralement la *ligne d'Interfeftion*, ou la
ligne des nœuds, en empruntant ce terme de
l'aftronomie, où il fignifie la même chofe.

§. 166. La feconde ligne eft celle, où la
furface fe termine, & que nous avons appellée l'horifon, pour les cas, où la furface
eft horifontale. Ce terme ne fignifiant dans
fon origine, que l'extremité d'une furface
étendue à perte de vue, nous pourrons lui
laiffer cette fignification primitive. C'eft ainfi
que la droite r q fera appellé l'horifon du
toit g h f e, d'autant que nous avons déjà remarqué (§. 138. n. 13.) qu'elle eft deftinée
au même ufage, comme on peut auffi le
voir de ce que nous avons dit (§. 152.)
fur la maniere de s'en fervir, pour deffiner
l'ombre de la cheminée t f.

§. 167. Ces deux lignes font toûjours paralleles l'une à l'autre, c'eft pourquoi l'une
étant donnée de pofition, il ne faudra que
favoir un feul point de l'autre, pour pouvoir la tracer. Comme p. ex. la ligne r q
étant donné, & le point e, où le toit touche la table, on tirera par e une parallele
avec q r, & elle fera la ligne d'interfeftion.
Ces deux lignes déterminent l'apparence de
toute la furface.

§. 168. Comme en confequence des defi-
nition établies, il n'y a qu'un feul point
princi-

principal (§. 162.) qui eft celui, où la perpendiculaire que l'on abaiffe de l'œuil fur la table, la coupe, & que le point q nous prête le même fervice par rapport à la furface g h f e, nous l'appellerons fimplement le point de l'œuil de cette furface. Il eft clair, que chaque plan incliné en aura un particulier.

§. 169. Après ces remarques préliminaires, nous developperons les regles du deffin, & les principes, fur lesquels fe fonde l'apparence des lignes & des angles qui fe trouvent fur un plan incliné. Soit A B R Q la furface, P R Q la table, R Q la ligne d'interfection, P Q A l'angle de l'inclinaifon, & que l'œuil fe trouve en O. Que la droite O Q tombe perpendiculairement fur R Q, & que P Q y foit pareillement perpendiculaire, de même que la droite A Q S. Soit enfin tirée O P parallele a A S, & O S à P Q.

F. 19.

§. 170. Pour trouver l'apparence d'un point quelconque A fur la table, tirez la droite A O de A en O, elle coupera la droite P Q en a, & a fera l'apparence de A. Suppofons que le point A s'éloigne continuellement fur la droite Q A, l'angle A O Q croitra, jusqu'à ce qu'enfin A O déviendra parallele à A Q, en tombant fur P O, ce qui arrive, lorsque A fera éloigné à l'infini. Ainfi P fera le point de l'œuil pour la furface A B Q, & la droite P p parallele à R Q fera l'horifon, où la furface Q A B étendue à l'infini, fe termine.

§. 171.

§. 171. On démontrera de la même maniere. que nous l'avons fait dans la I. Section (§. 18.) ; que toutes les lignes de la
surface, qui sont paralleles à A Q, doivent
se croiser dans le point P, en s'y terminant,
puisque leur distance apparente se retrecit
dans le lointain , & qu'elle disparoit tout à
fait , si on prend des points infiniment éloignés , donc leur apparence doit necessaire-
ment tomber dans le même point P. Ainsi
par ex. la droite R B paroitra en R P. Il
ne s'agit donc , pour dessiner toutes ces paralleles , que de savoir, où elles passent par
la table , pour en tracer l'apparence , puisqu'elle sera toûjours une droite , que l'on
tire de cet endroit la dans le point P.

§. 172. Soit donc B Q une autre ligne de
la surface , dont la déclinaison de A Q soit =
A Q B Prenez un point quelconque B, &
joignez B, O par une droite , il est évident
que l'angle B O Q croitra à mesure que B
s'éloigne de Q. Cet éloignement étant poussé
à l'infini , la droite O B tombera sur O p,
& sera parallele à B Q & partant à toute la
surface. Or l'œuil étant également élevé par-
dessus la surface , comme la droite P p, il
faut que l'extremité de la droite Q B prolongée a l'infini se présente sur la table dans
le point de l'intersection des deux droites
O p & P p. Joignant donc p & Q, la droite p Q sera l'image de Q B prolongée à l'infini , & chaque point B se trouvera dans l'intersection b des droites O B, Q p.

§. 173.

§. 173. Le point p etant trouvé pour la droite Q B, toutes les lignes paralleles à Q B se deſſineront facilement. Il ne faudra que ſavoir les points, où elles touchent la table. De ce point on tirera des droites en p, qui repréſenteront ces paralleles. Ainſi p. ex. A F étant parallele à B Q, & touchant la table en F, tirez F p, qui ſera l'apparence de F B.

§. 174. Les droites O P, Q A, de même que O p, Q B étant paralleles, le plan du triangle P O p ſera auſſi parallele à celui de la ſurface A Q B, l'angle P O p eſt égal à l'angle A Q B, & l'angle p P O eſt droit. Prenant donc O P la diſtance de l'œuil du point P, comme étant un raïon, P p ſera la tangente de la déclinaiſon, p O P = A Q B. Deſorte que la diſtance P O, & la déclinaiſon étant données, on trouvera chaque point p.

§. 175. En comparant ce procedé avec celui, que nous avons expliqué dans la premiere Section pour un cas ſemblable (§. 20. & ſuiv.) on remarque, que la methode de conſtruire le Transporteur ſur l'horiſon d'un plan incliné quelconque eſt univerſelle, & ne differe point de celle, que nous avons donnée pour les plans perpendiculaires à la table. On n'aura qu'à regarder la diſtance O P comme le raïon d'un cercle, & porter ſur P p les tangentes de chaque angle de déclinaiſon, en écrivant les dégrés audeſſus des points qu'elles déterminent, & le Transpor-

teur

teur fera conftruit. Cette conftruction etant
parfaitement la même, comme celle que
nous avons enfeignée au 1. Problême; nous
ne nous y arréterons pas, non plus qu'à l'u-
fage de ce Transporteur, que nous avons expliqué fuffifement dans la 1. Section. Quiconque l'aura lüe avec tant foit peu d'attention, ne trouvera point de difficulté; & il
entendra facilement ce que nous en avons dit
par maniere d'exemple dans la Section précedente (§. 138. n. 13.). Je n'ai pas befoin
d'avertir, que OP n'eft point ici la diftance
de l'œuil de la table ou du point de l'œuil
principal, c'eft ce qu'il faut obferver, quand
on veut conftruire le Transporteur. Mais
néanmoins on fe fert du point P de la même
maniere, comme fi c'étoit ce point là.

§. 176. Ajoutons ici diverfes remarques,
qui ferviront beaucoup à nous faire connoitre
& à déterminer la pofition des furfaces auffi-
bien à l'égard de la table, qu'entre elles
mêmes.

1. Que le point principal foit π, la droite
Oπ fera perpendiculaire fur la table, &
des triangles quelconques comme POπ,
QOπ auront en π un angle droit.

2. De plus la droite πP forme un angle
droit avec l'horifon P p en P. Si donc
le point π & la ligne Pπ eft donnée,
on tirera P$\bar{\pi}$, puisqu'elle eft perpendiculaire fur Pπ. Par contre fachant la
pofition de P p & du point π, on trouvera P, en abaiffant de π une perpen-
dicu-

diculaire P π fur P p. C'eſt de cette regle que nous nous ſommes ſervis dans
le §. 138. n. 13.

3. L'angle O P π eſt égal à celui de l'inclinaiſon de la ſurface vers la table, ou à
l'angle P Q A, puiſque P O & A Q ſont
paralleles. Ainſi π O étant le raïon,
P π ſera la cotangente de cet angle. Et
ſachant cet angle, de même que la diſtance π O, on trouvera π P. On n'aura qu'à regarder π O comme le raïon
d'un cercle, & on fera π P égale à la
cotangente de l'inclinaiſon.

4. Par contre connoiſſant π P & la droite
R F, où la table & la ſurface ſe coupent,
on pourra déterminer P p. Du point
π on abaiſſera ſur R F la perpendiculaire
π Q, en la prolongeant vers P, juſqu'à
ce que P π aura la longueur donnée ;
ce qui étant fait, on tirera P p parallele à R F, & l'horiſon P p ſera trouvé.

5. Regardant O π comme le raïon d'un
cercle, O P ſera la coſécante de l'inclinaiſon, donc on trouvera la diſtance
O P, ou, celleci étant donnée, on déterminera reciproquement l'angle de l'inclinaiſon.

6. Toutes les paralleles de la ſurface coïncident ſur la table dans un point de
l'horiſon. Sachant donc l'apparence de
quatre de ces paralleles, dont les deux
premiers ſe terminent dans un autre point
de

de l'horifon , que les deux derniers ;
l'horifon pourra être déterminé fur la
table. C'eft ainfi que le rectangle
A B R Q fur la furface fe préfente fur la
table en a b R Q. Les côtés Q a , R b
fe terminent en P , & les deux autres
font parallèles à la ligne d'interfection
R F. On n'aura donc qu'à tirer P p
parallèle à R F. De même F A & Q B
font parallèles , & leurs apparences fur
la table , F a , Q b concourrent en p ,
en joignant donc P & p par la droite
P p , l'horifon fera déterminé. Par ce
moïen nous trouvâmes dans la 14e Fig.
la droite r q moïennant les côtés du rectangle g h f e (§. 138. n. 13.) où l'on
voit en même tems que P q eft la cotangente de l'inclinaifon du toit g h f e
vers la table , fi on prend P V pour le
raïon. (n. 3. h. §.)

§. 177. Lorfqu'il faut deffiner des droites
perpendiculaires fur la furface A B S , nous
avons déjà obfervé (159.) qu'on ne fauroit
les repréfenter par des parallèles , défque la
furface eft inclinée. On les repréfentera par
des lignes , qui concourrent en quelque
point , dont il faut trouver la pofition.
Pour cet effet abaiffez de O fur la furface
une perpendiculaire O r , prolongée jufqu'à
la table en q , & q fera le point de l'œil
pour les droites perpendiculaires fur A B S ,
dans le quel elles fe terminent. Si donc les
points, où elles paffent par la table , font donnés , on en tirera des lignes en q , lefquelles
en feront l'apparence.

§. 178.

§. 178. Faisons encore la dessus quelques remarques, qui serviront à déterminer le point q, & dont nous aurons besoin dans la suite.

1. La droite O r étant perpendiculaire sur ABS, & O P lui étant parallele, l'angle π O r sera égal l'angle O P Q & partant à celui de l'inclinaison P Q A.

2. Si donc on regarde O π comme un raïon, π q sera la tangente, O q la secante de l'inclinaison, donc cet angle & la distance O π étant donnée, on déterminera π q & O q.

3. De même sachant des droites P p, P π, O π, P O autant qu'il faut, pour déterminer la position du plan A B F à l'égard de la table, on trouvera π q & O q sans difficulté.

§. 179. Il est d'autant plus interessant de savoir déterminer l'apparence des lignes perpendiculaires sur une surface quelconque, puisque dans les cas les plus embarassés, on peut s'en servir pour dessiner les corps, qui se trouvent sur ces surfaces.

§. 180. Voïons encore, comment toutes ces lignes, dont nous venons de déterminer la position sur la table, pourront être mesurées, à fin de leur donner chaque fois la longueur, qu'elles doivent avoir. L'usage du Transporteur, construit sur l'horison, s'étendant genéralement à tous les cas, on pourroit en agir, comme nous l'avons fait

G   voir

voir dans la premiere Section ($. 51. 52. 175.) en déterminant la longueur de chaque ligne moïennant un triangle isocèle. Mais nous avons déjà observé, que l'operation est plus prolixe, qu'on ne la souhaiteroit, (($. 110.) & nous avons indiqué differens moïens, de l'abreger, soit par des instrumens, soit par des constructions plus faciles ($. 96. & suiv. 135. 148.). Les Instrumens serviront encore ici, & nous nous bornerons à rendre la construction universelle.

$. 181. Soit F a l'apparence de F A, qu'il faille diviser ou mesurer. Comme O p & F A font paralleles, ($. 172. 173.) en y joignant les deux droites A O & F p, nous aurons deux triangles semblables A a F, a p O, & le rapport de A F à O p fera le même, que celui de a F à a p. Transportons O p de p en ω, & A F de F en α, & joignons α & ω. La droite α ω paffera par le point a, qui eft l'apparence de A. Car p ω & F α font auffi paralleles, ($. 170.) donc α F eft à p ω en raifon de a F à a p. Delà nous tirerons la regle fuivante, que nous circonscrirons en ces termes.

$. 182. La droite A F, dont il faut déterminer l'apparence, touche la table en F, & son apparence F a se termine en p. Ces deux points F, p serviront de base. Deplus O p eft la distance de l'œuil du point p, & on la porte de p en ω, deforte que ω eft le centre de division pour la droite F p & pour toutes celles qui se terminent en p. Sur l'échelle naturelle prenez la longueur de
la

la droite , dont il faut deffiner l'apparence,
& portez la de F en *α*. Tirez par *α* & *ω*
une droite *α ω*, qui coupera F p en a, & F a
fera l'apparence de F A, qu'il faloit trouver.

§. 183. De là on voit, que pour trouver
la longueur de chaque ligne de la table, il
ne faut que favoir les deux points p & F.
On trouvera le premier fans peine, des qu'on
a deffiné l'horifon, & le fecond fe trouve
auffi facilement, lorsque F A eft fur la furface A B S.

§. 184. Tout ce que nous venons de dire,
fait voir, que la détermination des angles,
auffi bien que celles des lignes d'une furface
inclinée quelconque, ne differe point de celle,
que nous avons rapportée cy deffus pour les
plans perpendiculaires à la table, & que pour
éclaircir ces regles par des exemples on n'a
pas befoin d'une nouvelle figure. Qu'on fe
repréfente la 4e Fig. comme le deffin d'un
plan incliné, P fera fon point de l'œuil,
C P D fon horifon, P Q la diftance de l'œuil
de P, & ce que nous avons dit (§. 135.)
fur la divifion de la droite r t fervira d'exemple pour éclaircir la regle, que nous venons
d'expofer (§. 182.). L'ufage des Inftrumens
décrits dans la troifième Section eft le même.

Fig. 4.

§. 185. Le point q eft le point de l'œuil, F. 19.
dans lequel fe terminent toutes les lignes perpendiculaires à la furface. On n'aura donc
qu'à déterminer les points, où elles coupent
la table, & ces points joints au point q,
nous préteront le même fervice pour la me-

fure de ces lignes , que nous avoient prêté
les points F & p dans le Cas précedent.
(§. 180.).

§. 186. C'eft ici que l'ufage du Compas de
proportion décrit cy deffus (§. 111. & fuiv.)
fe fait voir dans toute fon étendue, dont nous
avons parlé dans le §. 126. Toutes les cho-

Fig. 4. fes dans la 4e Fig. foient comme §. 184.
Que l'on détermine la diftance de l'œuil du
point P , en la portant fur l'échelle naturelle,
& en fixant le nombre de pieds , qui lui repond. Portez la droite Q t fur le même
nombre , marqué fur une des lignes de l'Inftrument , afin de lui donner fon ouverture.
On trouvera , en y portant Q P , le nombre , qui repond à la diftance de l'œuil du
point t. Portez t r fur ce nombre , & le
çompas aura fon ouverture requife , pour
fervir d'échelle pour la droite t r. Ce fecond nombre fe trouvera encore d'une façon
plus abregée , en portant Qt fur l'échelle
naturelle N q , puisque par là on trouvera
immediatement la diftance de l'œuil du point
t. La détermination des lignes perpendiculaires fur la furface ne differre en rien pour
l'ufage de l'Inftrument , puisqu'il ne faut que
fe fervir du point de l'œuil , qui leur repond. (§. 185.).

F. 19. §. 187. Toutes les lignes perpendiculaires
à la furface A B F R & égales à O r , étant
deffinées fur la table , y joignent neceffairement l'horifon P p , puisqu'elles ont la même hauteur , que le plan , qui paffe par
l'œuil

l'œuil O , & qui est parallele à la table.
Mais ce plan coupe la table en P p. Delà
nous déduirons un moïen , de mesurer ces
lignes sur la table , qui est assez semblable
à celui , que nous avons décrit dans la troi-
sième Section (§. 100. & suiv.). Mais comme il se trouve ici quelque différence , qui
dérive de l'inclinaison de la surface , nous
allons l'éclaircir par un exemple.

§. 188. Soit PN l'horison , P son point
de l'œuil , π le point de l'œuil principal,
OPπ l'angle de l'inclinaison, tirez Oπ perpendiculaire sur Pπ , & qO sur OP , qui
est la distance de l'œuil du point P , & q
sera le point , dans lequel se terminent toutes les lignes perpendiculaires à la surface.
Faites enfin qω parallele à PN , & égale à
Oq , & ω sera le Centre de division pour
ces lignes.

§. 189. Soit donc M un point quelconque
& la base d'une de ces lignes perpendiculaires à la surface , qu'il faille dessiner , & mesurer. Tirez une droite par qM , prolongez la jusqu'à l'horison en N , & MN doit
avoir le même nombre de pieds , quelle que
soit la position du point M , c'est à dire autant qu'en a la distance de l'œuil de la surface. Joignez ωM par une droite prolongée
en R , & divisez RN en ce nombre de pieds,
& RN servira d'échelle naturelle pour diviser MN perspectivement. Car on n'aura qu'à
faire passer des droites par les points , qu'on
y déterminera dans le centre de division ω,

G 3   &

& ces droites couperont M N dans les points qu'il faloit trouver. On pourra de même fe fervir du compas de propotion, pour divifer ces lignes. Aïant divifé N R, comme nous venons de le dire, mefurez Q O ou Q ω fur cette échelle, & notez le nombre de pieds, qui lui convient, fur le compas de proportion. Portez y la droite q N, & par là vous lui donnerez l'ouverture requife. Le refte de l'operation fe fait, comme dans les cas rapportez dans la 3ᵉ Section. Car en portant q M fur cet Inftrument, vous trouverez M N.

§. 190. Ce que nous venons de dire fur la projection des furfaces inclinées, ne regarde qu'une furface confiderée en elle même & uniquement à l'égard de la table. L'inclinaifon y eft fuppofée quelconque mais elle n'eft que fimple. Voïons encore, comment il faudra deffiner plufieurs furfaces, qui diffé-rent de pofition tant entre elles, qu'à l'égard de la table. Mais afin de ne point repêter inutilement, ce que nous venons de déter-miner, nous préfuppoferons les points fui-vans comme donnés.

F. 21.   I. La *furface principale*, à laquelle on rap-porte les autres, fon horifon C D, fon point de l'œuil P, & le point de l'œuil principal π font fuppofés être deffinés fur la table.

2. De même on deffinera (§. 188.) l'angle de l'inclinaifon o P π, le point de l'œuil q, dans lequel fe terminent les lignes perpendiculaires à la furface principale.

PRO-

PROBLEME 14.

§. 191. *Deſſiner une ſurface perpendiculaire ſur la principale, la droite, r A, où elles ſe coupent, étant donnée.*

SOLUTION.

1. Il eſt clair, que toutes les droites, que l'on ſe repréſente ſur cette ſurface & qui ſont paralleles à A r, doivent ſe terminer dans le même point de l'horiſon principal r (§. 173.) & de la même maniere toutes les droites tirées ſur cette ſurface, perpendiculairement à la principale ſe termineront en q. (§. 188.) Donc en joignant les points r, q, la droite r q ſera l'horiſon de la ſurface, qu'il faut deſſiner. (§. 176. n. 6.)

2. Abaiſſant du point principal π une perpendiculaire π p ſur cet horiſon, p ſera le point de l'œuil pour la ſurface perpendiculaire. (§. 176. n. 2.).

3. La diſtance de l'œuil de la table étant O π, portez là de p en s, & la diſtance s π, de p en Q ſur la droite π p prolongée, & vous aurez Q p la diſtance de l'œuil du point p, qui ſervira de raïon pour tracer le Transporteur ſur l'horiſon r p q. (§. 175.)

4. Soit EF la droite de l'interſection de la ſurface principale & de la table, F ſera le point, où la droite r A, prolongée, joint la table, Faites F D parallele à

G 4   l'horil'horifon r p q, & FD fera la ligne de l'interfection de la table & de la furface perpendiculaire, qu'il faut deffiner. (§. 167.).

5. Enfin portez O π de π perpendiculaire-men fur Q π, en ω, joignez p & ω, & vous aurez ω p π l'angle de l'inclinai-fon de la table vers la furface perpendi-culaire, qu'il falloit deffiner. (§.176. n.3.)

§. 192. La Solution de ce Problême ren-ferme tout ce qu'il faut favoir pour détermi-ner l'apparence de la furface & fa pofition, & pour y deffiner des objets quelconques. Les deux *données*, que le Problême deman-de, font 1. la condition, que cette furface foit perpendiculaire fur la principale; 2. que l'on fache la droite r A, où l'une & l'autre fe coupent. On pourra varier le Problême en changeant de données. Rapportons en deux exemples, dans lesquels la premiere condition refte la même, mais qu'au lieu de r A.

　1. On fache la ligne d'interfection F D. Il eft évident qu'on n'aura qu'à tirer q r parallele à F D, & joindre r F & le cas fe trouvera reduit à celui du Problême.

　2. Reciproquement fachant les droites r F, F D on trouvera F E, puifqu'on n'aura qu'à tirer cette ligne parallele à C D.

§. 193. Prolongez p π vers G, & tirez ω G perpendiculaire fur p ω, le point G, où ces deux lignes fe croifent, fe trouvera fur l'horil'horifon principal CD, car il fera le point de l'œuil, dans lequel fe terminent les droites perpendiculaires à la furface AabB (§. 188. 189) Mais cette furface etant perpendiculaire fur la principale, il eft évident, que ces lignes lui feront parallèles, donc elles coïncident dans un point de l'horifon CD, & partant ce point etant G, il fe trouve fur cet horifon. (§. 173.) Le nombre de dégrés entre les deux points r & G fera donc 90. D'où on déduit un nouveau moïen pour trouver la pofition du point q. Sur l'horifon CD prenez deux points quelconques G, r, dont l'intervalle foit de 90°. Faites paffer une droite GQ par le point principal π, & abaiffez y une perpendiculaire rp prolongée jufqu'en q, où elle coupe la verticale Pπq, & q fera le point qu'il falloit trouver. (§. 188.)

§. 194. Les rapports, que nous venons de fixer entre les lignes & les points, dont nous avons chargé la 21ᵉ figure, nous fourniffent abondemment des moïens, pour la deffiner dans des circonftances quelconques. C'eft ainfi p. ex. qu'on pourra en venir à bout, lorfqu'on n'a d'autres données que les trois points P, π, q. Voici comment.

1. Aïant tiré Pπq, faites paffer par P une perpendiculaire CPD, qui fera l'horifon de la furface principale, & par q tirez une droite quelconque qr.

2. Du point π abaiffez une droite πpQ perpendiculaire fur qr, & prolongez la jufqu'en G.

G 5

3. Tra-

3. Tracez fur r G un demi cercle, & marquez le point t où il coupe la verticale P q, & P t fera le raïon pour conftruire le Transporteur fur C P D (§. 175.) &.la diftance de l'œuil du point P.

4. Tirez O π perpendiculairement fur P π q, & faites P O = P t & O π fera la diftance de l'œuil de la table, & O P π fon inclinaifon vers la furface principale. Le refte fe fait comme dans le Probléme précedent. On auroit auffi pu tracer un demi cercle fur P q, dont la circonference auroit paffé par le point O, & O P auroit eté porté de P en p, pour décrire le Transporteur fur C P D. Rendons le Probléme, que nous venons de refoudre, plus univerfel, en deffinant une furface doublement inclinée.

PROBLEME 15.

§. 195. *La ligne de l'Interfection etant donnée, deffiner un furface, dont l'inclinaifon vers la furface principale foit donnée.*

SOLUTION.

F. 22. En préfuppofant la préparation indiquée dans le §. 190. foit la ligne de l'interfection B A, fur laquelle il faille deffiner une furface inclinée vers C D fous un angle donné, p. ex. de 54 degrés.

1. Prolongez A B jufqu'à l'horifon en r, où elle paffe par le 40me dégré. De r en M comptez 90°. & tirez A M. r A M repré-

représentera un angle droit de la surface principale, & c'est vers cette ligne,
que la surface proposée doit s'incliner
sous un angle de 54 dégrés.

2. Faites passer une droite q N par les deux
points M, q, & cette droite sera l'horison d'une surface, qui coupe la surface
principale perpendiculairement en A M.
(§. 191.) & qui en même tems est aussi
perpendiculaire à celle, qu'il faut dessiner. (n. 1.)

3. Déterminez les deux points p & Q,
par le Problême précedent, & tracez
sur N M le Transporteur pour la mesure des angles.

4. L'angle d'inclinaison M A a dévant être
de 54°, comptez de M en N son complément à 180°, ou de q en N son
complément à 90°, qui est = 36°, &
tirez les droites N A a, A B b, & A a, B b
auront l'inclinaison desirée, & elles seront dans le plan proposé, puisqu'elles
formeront un angle droit avec r A, &
un angle de 54° avec M A.

5. Joignez les points r, N par la droite
r N, qui sera l'horison de la surface,
qu'il faut dessiner. La perpendiculaire
πϖ, que vous y abaisserez, marquera en
ϖ le point de l'œuil pour cette surface,
& moïennant les droites O π, πϖ vous
trouverez le raïon ϖ n pour décrire sur
N r le Transporteur pour la mesure des
angles. (§. 191. n. 32.)

6. Enfin

6. Enfin foit E F la ligne, où la furface principale coupe la table. Prolongez B A jusqu'en F, & tirez F D parallele à N r, & F D fera la ligne de l'interfection de la table & de la furface propofée, fur laquelle vous tracerez l'échelle naturelle, qui vous prêtera le même fervice pour la divifion des lignes, que la ligne de terre dans les Sections précedentes.

7. L'angle de l'inclinaifon de la furface pro-pofée vers la table fe trouve moïennant les droites $\pi \varpi$, O π, comme dans le Problême précedent. ($. 191. n. 6.)

§. 196. Le Problême, que nous venons de réfoudre, eft le plus univerfel, que l'on puiffe propofer pour le deffin des plans inclinés d'une façon quelconque. Sa Solution renfer-me tout ce qu'il faut favoir, pour en déter-miner les détails. Quiconque fe fera exercé dans la pratique des regles pour le cas le plus fimple, examiné dans les Sections préceden-tes, ne trouvera ici point de difficulté, at-tendu que tout eft reduit aux mêmes regles, défque l'on a trouvé l'horifon & la ligne d'in-terfection d'une furface, qu'il faut deffiner. Ces deux lignes fourniront le Transporteur & l'échelle naturelle, & il n'en faut pas da-vantage, pour appliquer les regles, que nous avons données pour le cas le plus facile.

§. 197. Les données, dont nous avons fait dépendre la Solution du Problême, font 1°. la droite A B, où la furface principale & celle qu'il falloit deffiner, s'entrecoupent, & 2°.

l'inclil'inclinaison de l'une vers l'autre. C'est le cas le plus fréquent. Il y en a cependant d'autres, dont nous rapporterons encore deux, pour faire voir, comment on les reduit au cas du Problême. C'est ainsi que p. ex. dans la 14ᵉ fig. nous ne nous sommes pas servi de l'angle d'inclinaison pour dessiner la surface du toit g h f e (§. 138. n. 13.) mais nous y avons emploïé les droites G g, E e, J f. Et nous trouvames son horison q r & son point de l'œil q, de même que son inclinaison vers la table, comme en retrogradant (§. 176. n. 6. 2.) De la même manière on dessinera toute la surface r b a F, aprez qu'on aura déterminé le rectangle A a b B, en se servant d'autres circonstances. Car les côtés de ce rectangle etant prolongés, on trouvera les deux points r, N, & la droite N r sera l'horison de cette surface, sur lequel on déterminera le point de l'œil π & le raïon π n comme dans les deux Problêmes precedens, de même que tout le reste de la figure.

§. 198. Mais si au lieu de l'inclinaison e A M on avoit la hauteur du point a sur la surface principale, & le point e, dans lequel tombe la perpendiculaire qu'on y abaisse de a, ou la distance A e. On portera cette distance de A en e, & en joignant q, e, par une droite q e a, sur laquelle on coupera e a en lui donnant la longueur proposée (§. 189.) Si par contre le point a est dessiné sur la table, la droite a A N se trouve comme d'elle même ; & partant aussi N r, π, & F D.

§. 199.

§. 199. Ces deux exemples, que nous nous fommes contentés d'indiquer brievement, fuffifent, pour faire voir, comment on pourra s'y prendre dans d'autres circonftances. Remarquons encore, que la folution des deux derniers Problêmes eft plus complette, qu'il ne le faut dans la plus part des cas, afin qu'ils puiffent fuffire même dans les plus compliqués. C'eft ainfi p. ex. qu'on pourra omettre le transporteur fur N M, lorfqu'on n'y cherche qu'un feul point N, puisque ce point pourra être trouvé indépendement des autres, & de la même manière (§. 32.) Le moïen le plus commode pour tous les transporteurs, qu'il faudra conftruire foit entièrement foit en partie, ce fera d'en faire un fur le compas de proportion, qui tiendra lieu de tous, outre qu'il pourra être d'ufage pour les cadrans & pour plufieurs autres figures, où on a befoin des tangentes des angles.

§. 200. Si le plan, qu'il faut deffiner, eft parallèle à la furface principale, C P D fera l'horifon pour l'un & l'autre, & il ne faudra plus que trouver la ligne d'interfection, ce qui fe détermine par la diftance des deux plans. Prenez cette diftance fur l'échelle naturelle, & l'aïant portée de E en g, érigez en g une perpendiculaire g f. Faites l'angle P E f égal à l'inclinaifon du plan vers la table & partant à l'angle O P π, & portez E f de E en h, & tirant par h une droite parallèle à E F, elle fera la ligne, où le plan propofé coupe la table. Si la furface principale coupe

pe la table perpendiculairement , il eſt évident , que les deux points f, h coïncident,
& que leur diſtance ſera Eh = Eg.

§. 201. Si ſur ce plan parallèle il faut deſſiner un autre , qui y eſt incliné , le deſſin
s'exécutera de la même façon , comme dans
le cas précedent , en obſervant pourtant, que
la droite EF doit être hauſſée de E en h.
(§. 200.)

§. 202. Entrons encore en quelque détail
ſur la manière de deſſiner un plan , qui paſſe
par l'œuil. On peut s'en ſervir avec avantage
en pluſieurs rencontres , & particulièrement,
quand il s'agit de deſſiner des colonnes ou
d'autres corps cylindriques , afin de leur donner facilement l'épaiſſeur requiſe. La projection d'une ſurface préſuppoſe géneralement
deux points comme donnés. Dans le cas ,
que nous allons examiner , l'un eſt déterminé par la condition , que la ſurface, qu'il faut
deſſiner, paſſe par l'œuil. Et cette condition
nous ſuggére dabord la qualité principale de
ſa projection , c'eſt qu'elle ſe repréſente par
une ſimple ligne droite , puisque tous les
points de ces plans , qui ſont ſur les lignes
tirées dans l'œuil, ſe couvrent l'un l'autre,
& ne paroiſſent être qu'un ſeul point.

§. 203. La ſeconde donnée, pour la projection de ces plans , varie ſuivant les circonſtances du deſſin. Nous en expoſerons
quelques cas , afin de faire voir , comment
on pourra proceder dans tous les autres.

§. 204.

§. 204. *Le premier* en eſt le plus facile, c'eſt quand on fait la ligne de la ſurface prin̄cipale, par laquelle celle, qu'il faut deſſiner, doit paſſer. Car on n'aura qu'à mettre cette ligne en perſpective, & elle repréſentera en même tems le plan entier. De là, en invertant le cas, *chaque ligne du tableau repréſente, comme d'elle même, un plan, qui paſſe par cette ligne & par l'œuil.*

205. *Second cas.* Si le plan, qu'il faut deſſiner, & qui paſſe par l'œuil, eſt perpendiculaire ſur la ſurface principale, il ne s'agit que d'en ſavoir un ſeul point. Que ce point, projetté ſur la table, ſoit k, menez par k, & q une ligne droite k q, qui repréſentera le plan propoſé. (§. 191.) Car l'œuil ſe trouve perpendiculairement au deſſus du point q, qui eſt en même tems le point de l'œuil pour toutes les lignes perpendiculaires ſur la ſurface, (§. 190.) donc auſſi pour toutes celles, qui ſe trouvent ſur le plan propoſé.

§. 206. *Le troiſième cas* eſt, lorsque le plan propoſé doit paſſer perpendiculairement par la ſurface principale & par une autre donnée, qui ſoit A B b a, & dont la ligne d'interſection ſoit A B. Ajant prolongé A B juſqu'en r, comptez depuis r en M 90°, & menez une droite par q, M; cette droite ſera la projection du plan, qu'il falloit deſſiner. Car puiſqu'elle paſſe par le point q, elle ſera perpendiculaire à la ſurface principale; (§. 190.) & le ſera auſſi à la ſurface A a b B, puiſque l'angle r k M eſt droit. Donc elle ſatisfait aux conditions propoſées.

§. 207.

§. 207. *Le quatrième cas.* Si le plan, qui paſſe par l'œuil, coupe la table ſous un angle droit, il faut qu'il paſſe auſſi par le point principal π. (§. 190.) On n'aura donc qu'à trouver encore un autre point, p. ex. n, par lequel il paſſe, & ſon apparence ſera π n. Si ce point eſt q, l'apparence du plan ſera π q, dans ce cas il paſſera perpendiculairement par la table & par la ſurface principale.

§. 208. *Le cinquième cas.* Si le plan, qui paſſe par l'œuil, coupe la table ſous un angle quelconque donné. On trouvera la diſtance de la ligne d'interſection, en prenant O π pour le raïon, & cherchant la cotangente de l'inclinaiſon; avec laquelle on décrit un cercle, dont le centre eſt π, & la ligne d'interſection touchera le cercle, deſorte qu'il ne faudra plus qu'en ſavoir encore un ſeul point, pour la deſſiner.

§. 209. *Le ſixième cas.* Si le plan propoſé s'incline vers la ſurface principale ſous un angle donné, on ſuppoſe le même cercle décrit ſur la ſurface principale, ſon centre étant r. Après quoi on le mettra en perſpective, & on en agira comme dans le cas précedent.

F. 19.

§. 210. Chaque ſurface, qui paſſe par l'œuil, ne ſe préſentant ſur la table, que comme une ligne droite, il eſt évident, que tous les objets, qui s'y trouvent, ſe confondent, & ne ſauroient être repréſentés. Mais des qu'il s'y trouve des parties éminentes, il faut ſavoir les placer & leur donner

H   la

la grandeur apparente, qui reponde à leur éloignement. Les données, dont nous nous sommes servis dans les autres cas, étoient l'horison & la ligne d'interfection de la furface. Mais dans ce cas ces deux lignes, de même que toutes les autres fe confondent, & ne paroiffent que comme une feule. Soit Nr la projection d'un plan, qui paffe par l'œuil, cette droite fera auffi l'horifon du plan, & le transporteur s'y conftruit comme cy deffus. Elle eft en même tems la ligne, où le plan & la table fe coupent, donc on pourra y tracer l'échelle naturelle, qui fervira pour la mefure des droites qui font fur ce plan.

1. Soit donc à deffiner l'apparence d'un objet, qui fe trouve fur la ligne, qui coupe la table en N, & qui fe termine dans le point de fon horifon π, l'apparence de cette ligne prolongée à l'infini, fera πN, & la diftance d'un de fes points quelconque de la table, fe trouvera par les mêmes regles, comme dans les autres cas. C'eft ainfi qu'en tirant Nl parallèle à nπ, & portant fur Nl l'échelle naturelle, & les droites, telles que nl couperont en m le point, où il faut peindre l'objet propofé.

2. Mais fi la droite, dans laquelle cet objet fe trouve, fe terminoit dans un autre point de l'horifon, comme p. ex. Nr, il faudroit tirer une perpendiculaire par r, & y porter la diftance nr, laquelle y détermineroit le centre de divifion, dont

dont vous vous fervirez comme du point n dans le cas précedent.

Si enfin la furface ou le plan, qu'il faut deffiner, eft paralléle à la table, fa projection n'a aucune difficulté. Il n'y a ici ni horifon, ni ligne d'interfection, & tout ce qui s'y trouve, fe deffinera fimplement comme fi c'étoit un plan géometral, puisque toutes les parties auront fur la table le même rapport entre elles, qu'elles ont fur le plan propofé. Il n'eft queftion que de favoir la diftance du plan de la table, qu'on trouvera de plufieurs manières, fuivant les differentes combinaifons des circonftances. Un exemple fe trouve dans la 13ᵉ figure, touchant la projection du côté a b c d.

H 2   VI. SEC-

※※※ ※※※ ※※※ ※※※ ※※※ ※※※ ※※※ ※※※

VI. SECTION,

Remarques fur les Phénomenes des tableaux, & des exemples fervant à éclaircir les regles de la projection des plans inclinés.

§. 211. Les principes, que nous venons d'établir pour la projection des plans inclinés, font univerfels, & s'appliquent indifferement à tous les cas. Nous n'y avons admis d'autre inclinaifon, que celle, qui eft entre la table & le plan qu'il faut deffiner, fans nous arrêter à la difference qu'il pourra y avoir à l'égard de la pofition de la table vers l'horifon, puisqu'en effet cette difference ne change rien aux regles, que nous avons données. Mais il en eft tout autrement à l'égard de l'apparence des objets, que l'on y deffine. Suppofe-t-on la table perpendiculaire à l'horifon, les objets perpendiculaires paroitront comme tels, quelle que foit la diftance du fpectateur, qui contemple le tableau, puisqu'ils font repréfentés par des lignes parallèles. Cette condition fait, que la diftance de l'œuil du tableau eft affez arbitraire, à l'exception de trés peu de cas, où elle fouffre des limitations, comme nous l'avons deja obfervé dans la 2e. Section, entant qu'il faloit pour fixer la diftance du point de vue & la grandeur de la table.

§. 212.

§. 212. Éclaircissons, ce que nous en avons dit, par quelque Exemple, que nous offre la 14e fig. & toutes les chofes y foient les mêmes comme dans le §. 138. La véritable diftance de l'œuil eft $= PV$, & ce n'eft qu'à cette diftance, que tous les objets, qui y font deffinés, ont une apparence abfolument naturelle, quant à la proportion de leurs parties. Se retire-t on davantage, tous les objets, qui y font repréfentés, comme l'un etant derrière l'autre, s'éloigneront dans le même rapport, les côtés BC, Eg, Ef paroitront plus longs, de même que les furfaces bd, fg. En particulier, l'œuil fe trouvant en droiture devant le point P, la maifon ABC repréfentera toûjours un rectangle, & ABC un angle droit; mais le rapport entre les côtés AB, BC variera. Cependant cette variation ne s'obferve pas fi facilement, puifqu'elle ne regarde que le rapport entre les côtés, & qu'en outre il n'eft pas extraordinaire de trouver des maifons, où les fenêtres font plus larges d'un côté que de l'autre. De là vient, qu'on peut facilement paffer par deffus ces inégalités, lorfqu'elles paroiffent dans un tableau. La coûtume nous y aide beaucoup. Il n'en eft pas de même à l'égard de la maifon GEJ. La difproportion apparente s'y redouble, puifqu'elle ne change non feulement la longueur apparente des côtés, mais l'angle GEJ en fouffre auffi, quand on fe met hors du véritable point de vue. C'eft ce qui fe démontre facilement. Car on n'a qu'à prendre cette diftance changée pour le raïon du transporteur, fur l'horifon, & il

E. 14.

H 3   eft

eft évident, qu'il faudra conftruire un autre
(§. 32.) Si l'œuil s'éloigne de la table, tous
les dégrés du Transporteur s'agrandiffent, &
partant il ne s'en trouvera plus 90° entre les
deux points, dans lesquels les droites EJ,
EG fe terminent.   Donc l'angle JEG paroitra plus petit qu'un angle droit.   Nous
fommes moins accoûtumés à voir des maifons, dont les côtés forment un angle aigu,
& voici ce qui fait, que la maifon GEJ aura
une apparence moins ordinaire, quand l'œuil
s'en trouve beaucoup plus éloigné, que le
véritable point de vue.

§. 213.   Il eft vrai, qu'on pourra trouver
encore une infinité de points de vue, tels,
que l'œuil s'y plaçant, verra l'angle JEG
fous la figure apparente d'un angle droit.
Fig. 1. Voici comment.   Que l'on fe rappelle, que
fi π a p eft l'apparence de l'angle DAE, il
faut qu'il foit DAE = πOp, puisque πO
eft paralléle à EA, & pO à DA. (§. 23.)
D'où il fuit, que π a p repréfentera toûjours
un angle d'une même grandeur, auffi long-
tems que πOp en aura la grandeur réelle.
Conftruifez un cercle, qui paffe par les trois
points, π, O, p, & dans quelque point de
la circonference de ce cercle l'œuil fe trouve,
l'angle πOp fera d'une même grandeur, &
π a p en fera l'apparence.   Mais fi l'angle
DAE étoit donné en dégrés, il faudroit regarder pπ comme une corde, qui foutiend
un arc double, & le cercle, dont cet arc
fait partie, fera celui, dans lequel l'œuil doit
fe trouver, pour que pa π paroiffe étre égal
à DAE.

§. 214.

§. 214. Si donc on prolonge les deux côtés G E, E J jusqu'à l'horifon, & qu'on note les points, ou ils s'y terminent, *ces deux points doivent former le même angle dans l'œuil, duquel G E J doit être l'apparence.* Comme donc dans le cas préfent G E J repréfente un angle droit, il faut que les lignes, que l'on mene de ces deux points dans l'œuil, y forment un angle droit. Regardant donc la diftance de ces points comme un diametre, & s'imaginant un demi cercle, qui y eft pofé perpendiculairement à la table, tous les points de fa circonference feront les points de vue, dans lesquels l'angle G E J aura l'apparence d'un angle droit; & le véritable point de vue s'y trouvera là, où la droite perpendiculaire fur P coupe la circonference de ce demi cercle.

§. 215. Quoique dans tous ces points de vue l'angle G E J conferve fon apparence naturelle, ils ne ferviront cependant ni pour la longueur des côtés, ni pour celles des autres objets, que la figure repréfente. Ce n'eft que dans le point de vue, que l'on a choifi pour la deffiner, que toutes les parties fe préfentent à l'œuil dans leur rapport naturel, & dans tous les autres il y aura des parties, qui paroitront plus ou moins défigurées.

§. 216. Rendons cette obfervation plus univerfelle, en l'étendant aux plans inclinés, puisque nous avons vu (§. 174. 175.) que généralement l'angle P O p, doit être égal à celui du plan incliné, dont p b P ou p a P eft

H 4

eſt l'apparence. *Si donc on prolonge les deux côtés d'un angle juſqu'à l'horiſon, & que l'on note les deux points, dans leſquels ils s'y terminent, en en tirant deux droites dans l'œuil placé en quelque endroit que ce ſoit, ces deux droites y formeront un angle égal à celui que le tableau paroit repréſenter, & qu'il repréſente en effet, ſi l'œuil ſe trouve dans le véritable point de vue.*

§. 217. L'Optique nous développe les principes, pour démeler les apparences de la vérité, & pour conclure de ce qu'un objet paroit être à ce qu'il eſt en effet. La Perſpective évite la réalité, & ne s'attache qu'à l'apparence. Plus un tableau la prononce exactement dans toutes ſes parties, plus il excelle, & le dernier dégré de perfection, qu'on puiſſe lui donner, eſt lorsqu'il en impoſe aux yeux. Si des oiſeaux vont tomber ſur des raiſins, que le tableau repréſente, ſi un peintre lui même veut empoigner un rideau peint par ſon rival, pour l'ouvrir, ou qu'il veut chaſſer la mouche, qu'un autre lui avoit peint ſur ſon portrait, c'eſt là tout ce qu'on peut dire de plus fort ſur la perfection de l'art. Mais quelque empreſſée que ſoit la perſpective de ſe ſouſtraire à la réalité, lorsque l'apparence s'y oppoſe, & de ſe refuſer à la rigueur de l'optique, qui proſcrit l'apparence, qui n'inſiſte que ſur la vérité, & qui découvre les erreurs, auxquels les yeux nous expoſent, néanmoins elle n'en vient pas à bout, & l'optique revendique ſes droits, & les étend juſques ſur l'apparence, que nous préſentent les tableaux, pour en conclure ſur
l'origi-

l'original. Et comme fes conclufions tirées des objets peints fur une toile unie, & restreints à un certain point de vue, different de celles, qu'elle tire de l'apparence des objets mêmes, vus d'un point de vue quelconque, elle ne cherche non feulement l'endroit où l'œuil doit fe placer, pour que le tableau fe préfente naturellement, & nous offre une apparence naïve de l'objet, mais elle s'amufe auffi, à déterminer les aberrations & les fauffes apparences, qu'un point de vue étranger produit dans l'œuil. Les tableaux ont leurs *Phénomenes* comme les originaux, & nous repréfentent des objets differens & défigurés, etant contemplés d'un faux point de vue.

§. 218. Arrêtons nous ici à examiner ces Phénomenes. Nous en avons deja parlé dans la 2ᵉ Section autant, que nôtre but le demandoit; & nous pourrons entrer dans quelque détail la deffus, puisque les principes établis jusqu'ici nous en fourniront les materiaux. L'utilité, que nous en retirerons, ce fera de nous mettre plus en état, de juger fur les tableaux, & fur le choix du point de vue, dont le peintre s'eft fervi, & dont le fpectateur doit fe fervir également, pour le contempler. Pour cet effet nous n'aurons qu'à étendre à plus de cas particuliers, ce que nous venons d'en dire. Commençons par les plus faciles, & fuppofons, que la table foit perpendiculaire fur l'horifon.

§. 219. Le tableau etant affiché à une parois, enforte que fon horifon foit parallèle

H 5 à

à l'horifon véritable, & que le point principal foit à la même hauteur que l'œuil du
fpectateur, il eft évident, que les objets perpendiculairement élevés par le plan horifontal, y paroîtront, auffi comme tels. Ce qui
etant préfupofé on fe repréfentera le tableau
comme un objet de l'optique, & voici les
phénomenes, qu'il nous offre, & dont on
peut aifément s'affûrer par l'expérience.

1. Toutes les droites perpendiculaires à
l'horifon paroîtront auffi comme tels. Si
cette propofition ne s'applique qu'aux
côtés des maifons, aux arbres, aux colonnes &c. que le tableau repréfente, il
n'y aura là rien de fingulier. C'eft un
phénomene, qui découle naturellement
des conditions du deffin, que le peintre
a remplies. Mais fi une de ces lignes
fait partie du plan horifontal, elle fe
préfentera à la vérité comme couchée
fur ce plan, mais ce qu'il y a de frap-
pant, ce qu'elle fe tourne toûjours vers
le fpectateur, dequel côté qu'il fe trouve.
Que l'on fe figure un triangle, formé
par l'œuil du fpectateur & par les deux
extrémités de la ligne, ce triangle fera
néceffairement vertical. Prolongez le
plan de ce triangle, il paffera par le pied
de celui qui contemple le tableau, &
par la ligne du plan horifontal, que celle
du tableau repréfente, & qui par conféquent git en droite ligne avec lui. Telle
eft p. ex. la ligne P E de la 13e fig. &
dans la 14e c'eft la ligne P Q.

Si

2. Si nous fuppofons qu'une telle ligne fe termine dans le point principal, & que le fpectateur fe trouve devant ce point, la ligne aura fa pofition naturelle, & ne changera que de longueur apparente, qui eft conftamment en raifon de la diftance de l'œuil de la table.

3. Si le fpectateur fe trouve de l'un ou de l'autre côté, cette ligne fe tournera toûjours vers lui, mais les autres lignes changeront de pofition d'une manière affez vifible. Ainfi p. ex. le fpectateur fe trouvant vis-à-vis du point V de la 14e fig. le côté GE fe racourcira, & BC en déviendra plus long. Le contraire a lieu, quand il fe trouve en droiture devant le point W.

4. Ce racourciffement & cet alongement apparent des parties eft toûjours en raifon de la diftance du point de l'horifon, dans lequel ces lignes fe terminent. (§. 85. 180.)

5. Ces Phénomenes fautent aux yeux, quand on fe tourne à l'entour d'un tableau. C'eft ainfi qu'en allant de P vers V, on verra que le côté BC s'alonge, & que l'angle ABC devient plus grand. Mais en retournant de P vers W, l'angle ABC paroitra aigu, & le côté BC s'alonge. La raifon pour les côtés fe trouve dans les §. 85. 180. & pour les angles dans les §. 214. 216. On fuppofe ici, que le fpectateur fe tourne dans une
direction

direction paralléle au tableau. S'éloigne-
t-il davantage, les côtés en deviendront
plus longs, & les angles paroitront plus
petits.

6. Il en eft tout de même à l'égard de
la maifon G E J. Le point de l'horifon
dans lequel fe termine le côté EG eft
le 30e dégré fur P V. Plus on s'en
éloigne, foit de côte foit qu'on refte en
front, plus auffi EG s'alonge, & pré-
cifément en raifon de la diftance de l'œil
de ce point. Il faut obferver la même
chofe pour le côté E J, en prenant le
point de l'horifon, où il fe termine.

7. L'angle G E J, que les deux côtés renferment, diminue, quand on s'éloigne,
& repréfente toûjours un angle égal à
celui, que les deux droites forment dans
l'œuil du fpectateur, qui en font tirées
dans ces deux points de l'horifon, des-
quels nous venons de parler.

8. La pofition de ces deux points à l'égard
de l'œuil etant d'autant plus oblique,
plus on va de côte, il eft clair, que
celle de toute la maifon doit l'être auffi.

9. La pofition d'une ligne quelconque peut
être trouvée de diverfes manières. Premièrement quand on fe repréfente p. ex.
la droite E y comme couchée fur le
plan horifontal, elle fe tournera toûjours
vers le fpectateur (n. 1.) & les angles
G E y, J E y fe détermineront par les
§. 214. 216. Quand on les regarde de
côté,

côté, il eft facile de fe placer enforte qu'ils repréfentent à peine un angle de 30 dégrés.

10. Ce premier moïen détermine la pofition apparente des objets à l'égard du fpectateur.   En voici un autre, pour comparer celle des objets relativement à tout le tableau.   Qu'on s'imagine une droite parallèle à la table, & qui paffe par l'œuil, & une autre, qui tombe de l'œuil fur quelque point de l'horifon du tableau, p. ex. dans le point, où la droite E G le coupe, l'angle que ces deux lignes forment dans l'œuil, & qui eft égal à celui, que la dernière forme avec la ligne horifontale du tableau, fera la mefure de la pofition oblique de la droite G E.

11. Mais fi on ne veut favoir que la pofition apparente d'une ligne à une autre, p. ex. celle de B C à E G. On prolongera l'une & l'autre jufqu'à l'horifon, & on notera les points, où elles fe terminent. De ces deux points on menera des droites dans l'œuil, & l'angle qu'elles y forment fera la mefure de celui, que les lignes B C, E G prolongées, paroiffent repréfenter dans le point d'interfection.

§. 220. La première remarque du §. précedent nous éclaircit la raifon, pourquoi il y a des portraits, qui paroiffent toûjours tourner les yeux vers celui, qui les regarde, de de quel côté qu'il se trouve. Il faut peindre l'œil en sorte, que son axe ne soit point incliné vers le tableau, mais qu'il y soit perpendiculaire, & le Phénomene aura nécessairement lieu. Mais si l'axe de l'œuil se tourne de côté, la direction de l'œuil du portrait & son apparence se trouvera suivant les mêmes regles, par lesquelles nous venons de déterminer celle des côtés des maisons dans la 14e figure. Au reste en se tournant autour d'un tableau, ou en tournant le tableau même, ces changemens des situations, des longueurs & des angles se font si visiblement, comme si tous les objets se remuoient pour changer de place, & ce Phénomene frappera d'autant plus, plus les objets, qui s'y trouvent peints, sont éloignés & placés l'un derriere l'autre. Car il faut excepter les cas rapportés dans les §. 82. 83. où il n'y entre que peu ou point de perspective. Je ne m'arreterai pas à en deduire divers jeux optiques. Ce que nous venons de faire voir, servira susisement à qui veut s'y amuser.

§. 221. Dans le cas précedent nous avons supposé, que l'œil se trouve de niveau avec l'horison de la table, & il sera facile d'éprouver les Phénomenes rapportés par l'expérience. Il y a d'autres cas, où la coûtume l'emporte, en contribuant beaucoup à en rendre les Phénomenes moins frappans. C'est ainsi que nous sommes accoûtumés dès les premières années à mettre une taille douce sur la table, & à regarder les objets, qu'elle nous présente, tout comme si elle avoit sa

position

position requise, & qu'on la contemploit de son véritable point de vue. Sans cette coûtume les regles de l'optique demanderoient toute autre chose. Personne ne se représente des maisons couchées & renversées, & on se désabuse d'un Phénomene si peu naturel, jusqu'à ne plus se souvenir de l'effet qu'il pourra avoir fait dans l'enfance. On se contente de tourner le tableau ou l'estampe enforte que sa position ne soit pas renversée, puisque c'est la seule, à laquelle on est moins accoûtumé. Il en est presque de même, si le tableau est incliné vers l'horison, ou qu'il est affiché à une parois, mais au dessus ou au dessous du niveau de l'œuil. Ces deux derniers cas conservent encore quelque reste des Phénomenes, qu'ils devroient nous offrir. Nous en rapporterons encore quelques uns.

§. 222. Si la table est suspendue au dessus de la hauteur de l'œuil, son horison ne sera plus l'horison véritable, mais celui d'un plan incliné, & son inclinaison sera la même que celle de la ligne, tirée de l'œuil sur l'horison PV du tableau. Cette inclinaison apparente est plus sensible, quand on regarde le tableau de côté, & de bas en haut. S'il ne représente que p. ex. des arbres, des colonnes &c. ce Phénomene n'a rien d'extraordinaire, puisqu'au lieu d'une plaine, on se figurera la surface d'une montagne. Mais y trouve-t-on des maisons, il est plus étrange de voir, que leurs côtés, les fenêtres & les toits panchent tout comme une montagne. C'est un Phénomene, dont on peut encore s'appercevoir.

§. 223.

§. 223. Si par contre on s'avisoit, de ne
point regarder P V comme l'horison, où le
plan deffiné fe termine , mais comme quelqu'autre ligne, qui lui foit parallèle, cet
afpect moins ordinaire disparoîtroit en partie,
mais on fe verroit reduit, à avoir recours à
un autre, puisqu'en ce cas les droites BC,
bc, ad ne paroîtroient plus comme des parallèles, mais elles repréfenteroient des fenêtres, dont la hauteur iroit en diminuant, &
le rapport de leur diftance, paroîtroit moins
naturel. Nous avons deja obfervé qu'il faut
donner quelque chofe à la coûtume, mais
dans ce cas elle eft moins invéterée. ·

§. 224. Si donc on regarde P V comme
l'horifon, la pofition apparente des lignes &
des angles fe trouvera par les mêmes regles,
comme dans le cas précedent. (§. 219. 184.)
Mais il y a ici d'autres Phénomenes. Les
angles bBC, GEe, eEJ, qui gardoient leur
apparence naturelle, fe changent dans le
cas préfent.

§. 225. Car la table etant fufpendue enforte que les droites Bb, Cc, Ee &c. paroiffent verticales, & le font en effet, il n'en
eft pas de même des droites telles que BC.
Car elles panchent en s'inclinant comme la
plaine BPE, dont nous avons déterminé
l'inclinaifon dans le §. 222. c'eft à dire comme
la ligne, que l'on mene de l'horifon PV.
Les droites ab, bc, eg, fh panchent également. D'où il fuit, que les angles bBC,
bcC, eEG, Gge, eEJ, paroîtront aigus,
& parcontre Bbc, cCB, geE, gGE au-
ront l'apparence d'être obtus.   §. 226.

§. 226. Si la table eft fufpendue audeffous du niveau de l'œil, elle offrira des Phéno-menes femblables à cette condition près, que

1. Le plan BPE fe baiffera comme la fur-face d'une montagne vue du haut de fon fommet, & fon inclinaifon vers l'horifon fera égale à celle de la ligne, que l'on tire de l'œil fur l'horifon PV.

2. La même inclinaifon aura encore lieu pour les droites BC, bc, ad, EG, eg, fh, EJ, & toutes celles qui bordent les fenêtres.

3. La mefure des lignes & celle des angles fe détermine par les regles, que nous donnames pour le premier cas (§. 219. 184.)

4. Les angles Bbc, BCc, Eeg, gGe, paroitront aigus, & parcontre bBC, bcC, eEG, egG, eEJ, auront l'ap-parence d'être obtus, puifque les droi-tes bB, Cc, Ee, Gg fe préfentent comme verticales, en ce qu'elles le font en effet.

§. 227. Les angles & les droites du toit eh varient auffi fuivant les differentes pofi-tions de l'œil & de la table. Mais pour en déterminer l'apparence, il ne faut point fe fervir de l'horifon VPW mais de celui de la furface du toit, qui eft qr (§. 138. n. 13.); Et l'on trouvera,

1. La grandeur des angles, p. ex. de gef, en prolongeant les côtés eg, ef juf-

I   qu'à

qu'à l'horifon r q, & en notant les deux
points, où ils s'y terminent. Car en
tirant de ces deux points des lignes
droites dans l'œuil, l'angle qu'elles y
forment fera celui, dont g e f eft l'apparence. (§. 216.)

2. La longueur apparente des lignes e g,
e f s'aggrandira en raifon de la diftance
de l'œuil de ces deux points. (§. 219.
n. 4.)

§. 228. Ces remarques fur les phénomenes, que les tableaux nous offrent, nous
fuggerent encore les conclufions fuivantes,
que nous en pourrons tirer, pour diftinguer
en quelque forte les cas, où les yeux peuvent encore être trompés, de ceux où la
coûtume l'emporte, & où elle nous à des-
abufé fur ces fauffes apparences.

1. Nous avons expofé les loix de ces phénomenes fuivant les principes de l'optique, que l'on fuit pour la projection
perfpective des objets.

2. Nous les avons comparées avec l'experience, & nous avons trouvé, qu'elles
ont encore lieu dans tous ces cas, dans
lesquels un tableau, confideré hors de
fon véritable point de vue, ne laiffe
pas que de préfenter encore des objets,
tels que l'on les trouve quelques fois
dans la nature, & qui fe préfentent à
l'œuil à peu pres de la même façon comme ceux, dont le tableau nous fait
voir

voir l'apparence. Et jusques là le tableau paroit encore avoir un air plus
ou moins naturel:

3. Parcontre la coûtume nous a détrompé
partout, où la table elle même a une
pofition, qui ne repond point aux objets, qu'elle nous préfente, puisque
nous nous figurons un tableau couché
comme devant être érigé, desque le
plan du deffin le demande, & ce n'eft
qu'en confequence de cette fiction, que
les objets, qu'on y a peints, nous offrent des phénomenes femblables à ceux,
que nous avons examinés, & fuivant
les mêmes loix de l'apparence.

§. 229. Tous ces phénomenes déviennent
plus manifeftes, fi les lignes tirées dans le
tableau aboutiffent en divers points de l'horifon. Car désqu'elles fe terminent dans un
même point, leur pofition & leur longueur
fe change d'une même maniere, puisque le
parallelisme, qui s'y trouve, refte le même,
& que leur longueur apparente ne dépend,
que de la diftance de l'œuil du point de
l'horifon, dans lequel elles fe croifent. Cette
uniformité difparoit, quand elles fe terminent
en divers points de l'horifon, puisque l'œuil
eft inégalement éloigné de chacun de ces
points, & que cette diftance varie inégalement pour chacun. D'où il fuit que la
longueur apparente & la grandeur des angles fubit des variations beaucoup plus di-
verfifiées, foit qu'on les compare entre eux,
foit à la ligne de terre.

I 2

§. 230.

§. 230. Enfin fi l'on contemple un tableau de côté, la longueur apparente de la ligne de terre & de toutes celles, qui lui font paralleles, variera comme celle des lignes, qui fe terminent en quelque point de l'horifon. De là vient, que les objets, qui fe trouvent fur ces lignes fe rapprochent, & fi p. ex. on s'éloigne de quelques pas de la 14ᵉ figure fufpendue à une parois, & qu'on la regarde fort obliquement, du côté W, les deux maifons A B C, G E J paroitront, comme fi elles étoient vis à vis l'une de l'autre dans une rue fort étroite & fort longue. La diftance de l'œuil alonge les côtés E G, B C, & la fituation oblique de la table à l'égard de l'œuil rapproche les coins B, E. Le côté A B fe racourcit, & les angles en B & E paroiffent fort aigus, deforte que G E J repréfente tout au plus un angle de 20 ou de 30 dégrés.

§. 231. Il y a deux circonftances, qui rendent ces Phénomenes plus frapans. La premiere eft la grandeur de la table & celle des objets, qui y font mis en perfpective, puisque le tableau repréfentant les objets dans leur grandeur naturelle, on peut paffer plus commodement par tous les dégrés de l'éloignement de l'œuil, & la translocation fucceffive des parties fe fait voir d'une maniere plus développée. La condition rapporté dans le §. 229. y contribuera beaucoup.

§. 232. Mais ce qui l'effectue principalement c'eft l'art du peintre. Plus un tableau
imité

imite la nature , plus auffi ces Phénomenes s'obferveront aifément. C'eft fur cet air naturel du tableau , que nous avons fondé les principes , pour déterminer ces différentes apparences. Nous avons confideré le tableau, non comme une fimple figure géometrique attachée à la parois , mais comme repréfentant des corps, comme paroiffant avoir de l'épaiffeur. Et la grandeur apparente a été déterminée non fuivant l'efpace qu'elle occupe fur la retine de l'œuil , mais fuivant celui, qu'occupe l'original même. Si donc ces conclufions doivent être juftes , il faut que le tableau exprime naïvement la nature , & plus il induira l'œuil à croire, que c'eft l'objet même, lorfqu'il eft placé dans le véritable point de vue , plus auffi ces Phénomenes fe manifefteront, quand il eft placé hors de ce point. Mais défqu'il fe trouve quelque chofe de moins naturel ou de moins ordinaire foit dans le tableau , foit dans fa pofition , foit enfin dans celle de l'œuil , il decouvrira dabord le faux-femblant , & ne fe laiffera pas féduire par une apparence, qui n'eft que moitié naturelle. C'eft ainfi que la table etant fufpendue audeffus du niveau de l'œuil , la plaine , qu'on y aura deffinée, devroit repréfenter la furface d'une montagne. Mais y trouve-t-on une mer ou un lac, il feroit contre toute apparence de verité, de fe repréfenter fa furface comme panchante , & on va d'abord conclure, qu'il faut fe reprefenter tout le tableau dans un autre pofition. C'eft à cela

que

que nous fommes accoutumés depuis long-
tems, (§. 221. 228.)

§. 234. Les Phénomenes d'un tableau font
entierement oppofés à ceux des objets.
L'œuil changeant de pofition à l'égard de
l'un & de l'autre, les apparences changent
auffi, mais d'une maniere tout à fait différente. Suppofons qu'un tableau trompe les
yeux, enforte que le Spectateur fe croit
obligé de le toucher, pour fe lever fon
doute, on n'aura pas befoin de recourir à
cette épreuve des aveugles. Il ne faudra
que faire quelques pas de côté, en obfer-
vant de quelle maniere fe changera la pofition
des parties. Car ce changement feroit tout
autre, fi au lieu du tableau, on voïoit l'o-
riginal.

§. 235. Pour cet effet fuppofons, que la
14ᵉ Fig. repréfente un femblable tableau,
quoique fans parler des autres défauts, il lui
manque la couleur & la grandeur naturelle
des objets. Que le Spectateur fe trouve devant le point P dans l'un & l'autre cas, à
une diftance quelconque. Qu'il fe retire à
gauche vers A, il eft évident, (§. 219.)
que dans le cas du tableau le côté B C paroitra s'alonger, mais dans celui de l'original il fe racourcira, puifque le Spectateur
s'approche du plan, dans lequel fe trouve
le côté B b c C. Si dans le dernier cas il
paffe audelà de B, il ne verra plus le côté
B C; mais dans le premier cas il le verra
toûjours plus long. Il en eft de même des
autres

autres parties de l'objet. Ceux , qui font peints fur le tableau , paroitront fe remuer pour changer de fituation , ce qui n'a pas lieu, quand on voit l'original , excepté le feul cas où un Spectateur n'eft pas accoutumé d'être fur un vaiffeau , & qu'il s'y trouve. Mais auffi dans ce cas les parties de l'original fe remueront autrement que celles du tableau. On n'aura qu'à comparer les loix, que fuivent les Phénomenes des peintures avec celles , que l'optique démontre pour les Phénomenes des objets , & on ne s'expofera pas à monter un efcalier peint , ou à aborder un portrait.

§. 236. De tout ce que nous venons de dire , on pourra entrevoir plus diftinctement, que nous n'avons pu le montrer dans la 2ᵉ Section , pourquoi le point de vue pour contempler un tableau eft fort arbitraire en bien des cas (§. 228. 231. 232.). Il nous refte encore à donner quelques exemples pour éclaircir les regles de la projection des plans inclinés , tant pour les cas où la table s'incline vers l'horifon , que pour ceux , où la furface , qu'il faut mettre en perfpective, s'y trouve inclinée.

§. 237. Soit A C c a un jardin , dont la F. 23. partie anterieure A B b a foit horifontale , & dont l'autre B C c b fe trouve fur le panchant d'une montagne. Que A a foit la ligne de terre , V W l'horifon & que la table foit perpendiculaire à l'horifon. π foit le point de l'œuil principal , V π fa diftance de l'œuil.

I 4   Les

Les côtés A B , a b foient parallèles a D π, en fe terminant en π, etant prolongées. Si donc on porte leur longueur prife fur l'échelle naturelle de A en G , on joindra les points V , G & cette ligne coupera A π en B , déforte que A B fera l'apparence de la longueur. Si donc A a b B doit repréfenter un rectangle , on tirera B b parallèle à A a , & a b fera l'apparence de l'autre côté , & A a b B celle de la partie horifontale du jardin. Les chemins & les planches fe détermineront de la même maniere.

§. 238. Si pour deffiner la partie panchante B C c b , on fait l'angle de fon inclinaifon vers l'horifon , la droite B b etant la ligne d'interfection , on portera cet angle fur V π, en tirant V P enforte que P V π foit l'angle de l'inclinaifon , & P fera le point de l'œuil pour ce plan , V P fa diftance de l'œuil , & la droite M P L , tirée par le point P & parallèle à V W , fera fon horifon.

§. 239. Menez une droite de P par B , jufqu'à ce quelle coupe en F la ligne V A , perpendiculaire fur V W. Par F tirez une droite F E parallèle à M P , & cette droite fera la ligne , ou le plan incliné B c coupe la table. Car P F , P E fe terminent en P , donc elles repréfentent des parallèles de ce plan , or B e , F E etant parallèles , elles repréfenteront des lignes égales , dont la mefure eft A D. Mais A D & F E , etant entre deux parallèles , elles font égales géometriquement , donc comme elles font auffi paral-

paralleles à l'horifon , on portera fur l'une
& l'autre l'échelle naturelle & partant elles
font dans le plan de la table.

§. 240. Pour trouver la longueur apparente
du côté bc , portez P V de P en L. Par
L & b menez une droite jusqu'en H &
prenant la longueur du côté propofé fur
l'échelle naturelle , portez la de H en K,
tirez la droite K L , qui coupera b P en c,
& b c fera l'apparence , qu'il falloit trouver.
Si donc B C c b doit auffi repréfenter un rectangle , vous joindrez les deux points B, P,
& vous tirerez C c parallele à P M , & le
circuit de tout le jardin fera defliné. Les
planches & les chemins fe détermineront de
la même maniere. On auroit pu divifer la
droite B b en autant de pieds qu'en a la
droite A a , & la longueur du côté b c, prife
fur cetté nouvelle échelle auroit eté portée
de b en f , après quoi on auroit tiré f L.
De même la droite b B fe trouvant fur le
plan horifontal ; on auroit divifé la droite
π e en autant de pieds , qu'en a la hauteur
de l'œuil π D , ce qui auroit également donné l'échelle pour trouver f b. On voit bien
que ces operations fe feroient faites moïennant les parties égales du compas de proportion commun.

§. 241. Si la droite B b , où les deux plans
fe coupent n'avoit point été parallele à l'horifon V W , il auroit fallu deffiner le plan
incliné fuivant les regles du 15ᵉ Problême.
Du refte la table aïant été fuppofée perpen-

dicu-

diculaire à l'horifon, la pofition la plus propre du point de vue à l'égard de l'objet auffi
bien que de la table fe trouve fuivant les regles données dans la 2ᵉ Section.   Nous nous
contenterons d'obferver ici, que V π eft plus
grande que π D, & égale à la moitié de la
largeur de la table, & en fuppofant A a de
100 pieds, on pourra facilement trouver toutes les conditions de la projection.

§. 242. Dans ces cas, où la table elle même a une pofition inclinée à l'horifon, le
point de vue ceffe d'être arbitraire, puisque
des objets élevés fur l'horifon ne paroitront
plus comme tels, désqu'on contemple le tableau hors de fon point de vue, ou en lui
donnant une autre pofition, que celle, qu'il
doit avoir.   Nous avons vu cy deffus (§. 228.
231. 232.) qu'en fait de tableaux il faut éviter
tout ce qui pourroit leur oter cet air naturel,
qui y eft fi eftimable, & delà vient que la
projection des objets fur des tables inclinées
eft reftreinte plus étroitement.

1. La table doit avoir la pofition, qu'on
lui a donnée, en y deffinant les objets,
puisque le Spectateur ne fe donneroit
gueres la peine de trouver fa véritable
inclinaison. Delà vient, qu'on ne les
trouve que fur les planchers des Eglifes
& des Salles, ou fur d'autres furfaces
d'une pofition permanente. Le Spectateur trouve plus aifément fon point de
vue, fi le tableau eft dans la pofition,
qu'il doit avoir, pour paroitre naturel.
                                    2. Le

2. Le point de vue pour ces fortes de tableaux eft ordinarement déterminé en forte que le Spectateur s'y rencontre comme de foi même , comme p. ex. en fe plaçant au milieu d'une Salle , ou à l'autel d'une Eglife &c. Voici ce qui détermine la diftance de l'œuil de la table , & le point principal.

3. Voici donc un procedé tout oppofé à celui que nous enfeignames dans la feconde Section pour des tables perpendiculaires à l'horifon. Leur grandeur & leur diftance de l'œuil fe reglent communement fuivant l'objet que l'on veut mettre en perfpective, & fe déterminent par la pofition de l'œuil à l'égard de l'objet. C'eft par ce dernier point que nous commençames à trouver les autres. Mais ici c'eft tout le contraire ; il faut commencer par la grandeur du tableau & par fa diftance de l'œuil.

4. Quelques fois même on n'a pas le choix d'y peindre tel objet que l'on voudra, fi l'on veut donner au tableau une apparence , qui foit naturelle. Ces objets fe déterminent fouvent par les circonftances de l'endroit où le tableau fe place. Examinons un peu cette reftriction.

§. 243. En peignant fur le plancher d'une chambre, un païfage, une plaine , ou quelqu'autre objet , qui eft naturellement plus bas que le plancher, il s'y rencontrera toùjours quelque chofe de moins naturel , foit qu'on donne

donne au tableau fa pofition naturelle, qui
eft horifontale, foit qu'on la fuppofe perpendiculaire à l'horifon. Dans le premier
cas on ne fauroit y pratiquer l'horifon apparent, ou il faudroit fuppofer que la chambre fe trouve dans quelque fouterrain, pour
pouvoir repréfenter ces objets. Dans le fecond cas on pourra y deffiner tout ce que
l'on voudra, mais le tableau auroit une apparence beaucoup plus naturelle, s'il etoit
fufpendu à une parois, deforte que fon horifon feroit de niveau avec l'œil du Spectateur. Mais comme on s'eft accoutumé dés
fon enfance à paffer par deffus cet air moins
naturel, & de fe repréfenter ces fortes de
tableaux dans une pofition quelconque, excepté peut être celle, où il eft renverfé, ce
dernier cas fera encore le plus fupportable,
& on fera mieux en le choififfant, qu'en
voulant s'attacher au premier.

§. 244. Mais fi les objets, que l'on veut
peindre fur un plancher, font réellement elevés audeffus de ce plancher, ou qu'au moins
ils peuvent l'être, rien n'empechera de fuppofer la table comme horifontale, & la
peinture, etant vûe de fon véritable point,
en paroitra d'autant plus naturelle. C'eft
ainfi qu'on y deffinera fort bien des montagnes, des oifeaux, des nuées, le ciel etoi-
lé, le Phebus fur fon char, la nuit, les
hiftoires mythologiques du ciel, ou dans les
églifes, les anges, le jugement, l'afcenfion,
Elie & fon char, plufieurs vifions des Pro-
phetes & de l'apocalypfe &c.

§. 245.

§. 245. Si l'on y veut repréfenter des pieces d'architecture, il n'y en aura gueres de
plus naturelles, que celles, qu'on y pourroit placer effectivement, au lieu du plancher. Et pour les autres il vaudra tout autant, de fe fervir d'un deffin plus facile,
en fuppofant le tableau, comme verticalement élevé fur l'horifon. Donnons maintenant quelques exemples, qui ferviront à
éclaircir les regles de la quatrieme Section.

§. 246. Qu'il faille deffiner fur le plancher
d'une Salle un étage fuperieur, deforte qu'e-
tant vu de fon véritable point de vue, la
Salle paroiffe être doublement plus haute.

1. Soit A B la longueur, A D la largeur
du plancher, P le point, audeffous duquel le Spectateur doit fe trouver, pour
contempler le tableau, & partant le point
principal. Que P V foit perpendiculaire fur A B, & en même tems égale à
la diftance de l'œuil du point P, Que
dans les quatre coins de la Salle il y ait
des colonnes, fur lesquelles il en faille
placer d'autres, dans l'étage fuperieur.

2. Joignez A & P, & portez la hauteur
de cet étage de A en K, la droite V K
coupera A P en a, & A a fera la hauteur apparente de l'étage.

3. Du point P tirez des lignes en B, C, D,
& achever le rectangle a b c d, dont les
côtés font paralleles à ceux de A B C D,
& fe croifent fur les droites A P, B P,
C P,

F. 24.

CP, DP. Le rectangle a b c d fera le plancher de l'étage supérieur.

4. La largeur & la diftance des fenêtres fe portera fur les côtés A B , BC, CD, D A, en les prenant fur l'échelle naturelle , & des points , qu'on y aura trouvés , on menéra des droites dans le point P, qui détermineront les côtés des fenêtres. Leurs bords inferieurs & fuperieurs fe trouvent , comme nous avons trouvé ceux du plancher a b c d.

5. L'épaiffeur des parties de chaque colonne fe deffine géometriquement fur leurs bafes A, B, C, D, & du centre de chaque bafe on tire des lignes dans le point P , qui repréfenteront l'axe des colonnes.

6. Sur cet axe on portera la hauteur perfpective de chaque partie, tout comme nous avons trouvé celle de l'étage.

7. Si enfin des bords de ces parties deffinés fur les bafes , on mene des droites en P, elles marqueront le retréciffement apparent de chaque partie , à proportion de leur hauteur plus ou moins grande.

8. Du refte l'étage , que le tableau repréfente, doit reffembler à la Salle elle même , particulierement pour ce qui regarde l'ombre & le clair-obfcur, qui doit être bien entendu , en imitant la nature jufqu'a des minuties. Une fenêtre peinte, qui devroit jetter du clair dans un endroit , où il n'en tombe point par les
fenêtres

fenêtres réelles, feroit un très mauvais effet, & il feroit peu naturel, d'ombrager un endroit du tableau, que les fenêtres peintes ou réelles éclaireroient, fi au lieu du tableau, l'étage s'y trouvoit en effet.

§· 247. Dans cet exemple la table eft horifontale. Donnons en un autre, où fa pofition eft inclinée à l'horifon. On trouve des efcaliers placés l'un audeffus de l'autre, de-forte qu'en defcendant par l'inferieur, le fuperieur fe préfente en front, & qu'on en voit la furface de deffous Lorfque le jour y tombe par quelque fenêtre, on a coûtume d'orner cette furface foit par un plâfond de plâtre, ou d'y placer un tableau. Saififfons cette circonftance, & traçons fur ce plan incliné une porte ouverte, de forte que l'on voïe une partie d'une chambre.

1. Soit A B C D la furface inferieure de l'efcalier, & que le fpectateur fe trouve vis à vis au haut de celui qui eft audeffous. Que P foit le point de l'œuil pour les lignes verticales, & quel la droite tirée de l'œuil perpendiculairement fur la furface tombe en π, de forte que π foit le point de l'œuil principal. Enfin foit p le point de l'œuil pour les lignes horifontales.

2. Tirez π O perpendiculairement fur P Q, & tracez le triangle P O p en forte que l'angle P O p foit droit, l'inclinaifon de π p vers O p fera la même que celle de l'efcalier vers l'horifon.

3. De-

3. Deplus PO, pO, πO feront la diftance de l'œuil de ces trois points, P, p, π.
Tirez PM & PV perpendiculaire fur
PQ, & faites $PM = PO$, $pV = pO$,
& la préparation fera faite.

4. Or la droite AB etant le pied de l'efcalier, qui doit auffi être celui de la porté, faites Ql, Qm égales à la moitié
de fa largeur, en la prenant fur l'échelle
naturelle, & tirez les lignes lP, mP,
qui détermineront les côtés de la porte.

5. Sur l'échelle naturelle prenez la hauteur
de la porte, & mettez la fur lH, joignez les points H, M, & vous aurez la
hauteur apparente hl, vous acheverez le
deffin, en faifant hn parallele à AB, &
en tirant mP. De la même maniere vous
y peindrez les ornemens architectoniques.

6. Si dans la chambre il faut deffiner une
autre porte vis à vis de la premiere, on
tirera mk en p, & aïant porté la longueur de la chambre de m en K, la
droite KV déterminera fur mK le point
K, où la porte doit être tracée. Le
deffin s'execute comme celui de la premiere. Mais fi elle eft également grande, on peut l'abreger, puisqu'elles font
parallele & que mk fe termine dans le
point de vue p. Les quatre points car-
dinaux de la porte fe trouveront dans
l'interfection des droites, qu'on tirera des
points l, m en P, & des points l, m,
h, n en p.

§. 148.

§. 248. Les Phénomenes, que ces sortes de tableaux nous offrent, etant regardés hors du véritable point de vue, se déterminent par des regles semblables à cel es, que nous avons données cy deffus pour des tableaux verticalement élevés. Ils font ici beaucoup plus fenfibles. Le point de vue eft moins arbitraire, & la coûtume ne contribue presque rien à les faire difparoitre. Ces fortes de tableaux etant plus rares, elle ne nous aide pas à nous les figurer de toutes les façons, comme fi nous nous trouvions dans le point de vue, qui leur eft propre. Se trouve-t-on dans une Salle telle que la Fig. 24. la repréfente, on n'a qu'à fe placer de côté, pourque l'étage fuperieur, que le plancher repréfente, paroiffe s'incliner. Les quatre colonnes auront la même inclinaifon en apparence, que la droite tirée de l'œuil dans le point P a en effet, & leur longueur paroitra croitre en raifon de la diftance de l'œuil du point P. Deux côtés oppofés ont un horifon commun, qui leur eft parallele, & qui paffe par le point P. On y pourra conftruire un Transporteur (§. 216. 219. n. 9. 10. 11.) qui fervira chaque fois à déterminer l'apparence des angles. Se trouve-t-on au-deffous d'un de ces horifons, les Phénomenes des côtés, qui lui font paralleles fe détermineront par les regles du §. 219. Mais fi on fe retire vers l'un des coins de la Salle, on fe fervira des regles du §. 224. & fuiv. pour les trouver. Cependant il faut avoir égard à la différence des deux cas, puisque

K ici

ici il eft queftion d'un tableau couché hori-
fontalement , & qui repréfente des objets
verticalement élevés , & dans les S. S. cités,
c'étoit le contraire.

S. 249. Avant que de finir cette théorie
de la projection des plans inclinés , nous rapporterons encore un exemple bien différent
des précedens , mais qui ne laiffe pas que de
faire partie de la perfpective , quoiqu'on ne
s'y ferve gueres du pinceau. Si le fond d'un
jardin appartenant à une maifon , panche vers
elle , il arrive que l'on y retrécit les chemins
& les planches , à mefure de leur éloignement , pour lui donner quelque perfpective,
& pour faire enforte , que le jardin , etant
vu par une fenêtre de la maifon, paroiffe s'a-
longer. Pour cet effet on fe repréfente le
jardin comme un tableau incliné fous un
même angle , fur lequel il faille deffiner un
jardin horifontal en l'y mettant en perfpective. On projette cette perfpective fur du
papier , & on l'execute après cela en grand
fur la furface du jardin , en donnant à chaque partie la grandeur , qu'on a déterminée.
Le deffin fur le papier fe fait de la même
maniere que celui de la partie BCcb du
jardin que repréfente la 23ᵉ Fig. Et il eft
évident , que la hauteur des arbres , des efpa-
liers & d'autres plantes , des Statues &c.
doit diminuer comme celle des murs BC,
bc, afin que l'apparence du plus grand éloignement en devienne plus naturelle.

S. 250.

§. 250. Si le côté C c, qui eſt le plus éloigné ſe trouve audeſſus du niveau de la chambre, où on a fixé le point de vue, il faudra ou deſſiner le jardin en ſorte qu'il paroiſſe être ſur un plan moins incliné, ou laiſſer à la partie la plus éloignée ſon air naturel, ou le faire paroître comme la ſurface d'une colline, ou enfin le couvrir en y plantant des arbres. On pourra auſſi ſe ſervir de ce dernier moïen dans les autres cas, puisque, quand même la partie de derriere ſeroit plus baſſe que le point de vue, les chemins, les planches & les autres objets, que l'on y mettroit, deviendroient trop petits, en ce qu'ils ſe trouveroient près de l'horiſon. Afin de remedier à cet inconvenient on les couvre, en y plantant des eſpaliers, des buiſſons, des berceaux, des arbres &c.

VII. SEC.

****

VII. SECTION,

De la projection orthographique, où
l'on se sert d'un point de vue infiniment éloigné.

§. 251. Il y a des cas innombrables, où
l'on se sert d'un point de vue infiniment éloigné, pour mettre un objet en perspective.
Le plus ordinaire en est celui, dans lequel
tout le circuit de l'objet est fort petit en
comparaison de la distance de l'œil, de
sorte que les raïons qui y tombent des extremités de l'objet, font presque paralleles.
Car dans ces cas on suppose, qu'ils le soient parfaitement, & par là on éloigne le
point de vue à une distance infinie. Les
facilités, que l'on y trouve, font, qu'on
dessine de cette maniere les machines &
d'autres petits corps, qu'il faut représenter
separement. On se sert aussi de cette methode lorsque toutes les parties de l'objet
doivent se présenter à l'œil, sans qu'il n'y
ait aucun retréciffement apparent, & on en
trouve des exemples dans plusieurs dessins
des villes & des forteresses, & de là vient,
que cette sorte de projection s'appelle *Perspective militaire ou cavalliere.*

§. 252. Tous les raïons etant paralleles,
& l'apparence d'un point quelconque de l'objet devant être marquée là, où son raïon
passe par la table, il s'en fuit,

1. Que

1. Que toutes les paralleles, qui se trouvent dans l'objet, paroiſſent auſſi paralleles ſur la table.

2. Que ſi dans l'objet des paralleles ſont coupées par d'autres, la même interſection a auſſi lieu ſur la table, & que par conſéquent les parties coupées ſont égales dans l'un & l'autre cas, & qu'elles ſont proportionelles au plus ou moins de diſtance des lignes.

3. Que les droites perpendiculaires à l'horiſon etant paralleles entre elles, ces deux propoſitions s'y appliquent également, & que par conſequent elles paroitront comme verticales, indépendement de la poſition de la table.

4. Qu'enfin toutes les lignes repréſentées ſur la table peuvent être meſurées & diviſées géometriquement, puisqu'il ne s'y trouve point de retréciſſement apparent de leurs parties.

§. 253. Invertons le cas, dont il s'agit ici, & tout ce qui a eté démontré dans les Sections précedentes s'y appliquera très facilement. Suppoſons, qu'au lieu d'un point de vue infini & d'un objet fini, le point de vue ait une diſtance finie, mais que parcontre l'objet ſoit infiniment petit, en gardant néanmoins le rapport entre toutes ſes parties, il eſt évident, que les raïons reſteront paralleles, & les loix de la projection ſeront les ſuivantes.

K 3

1. Soit

Fig. 4.

1. Soit C D l'horifon, P le point principal, P Q fa diftance de l'œuil, & en même tems le raïon du Transporteur C D (§. 32.)

2. Que l'objet infiniment petit fe trouve fur le point v, gardant tous les rapports de fes parties, & que la pofition de ces parties, fe repréfente fur la table, en les prolongeant jusqu'à l'horifon.

3. Si donc deux lignes de l'objet auront une pofition fuivant la direction des droites v t, v h, les dégrés entre h & t feront la mefure de l'angle, dont elles repréfentent l'apparence. (§. 33. 34.)

4. Qu'on fuppofe qu'au bout anterieur de l'objet il y ait une échelle naturelle & infiniment petite comme l'objet, elle fervira pour la mefure de toutes les droites de l'objet. Si p. ex. une de ces lignes prolongées fe termine en t, on portera Q t de t en h, & h fera le centre de divifion pour la droite propofée. (§. 135.)

5. Toutes les parties de l'objet etant infiniment petites, il eft clair que les droites prolongées a l'horifon, & qui y concourent dans un même point, feront parallèles, donc les lignes v h, v t nous défignent leur direction. C'eft ce qu'il faut obferver, parceque cette direction refte la même dans le cas, que nous nous fommes propofé d'examiner. On n'aura qu'à y retourner, en donnant à l'objet

une

une grandeur finie , & en éloignant le point de vue à l'infini.

6. Ce que nous venons de dire sur l'objet consideré comme infiniment petit nous servira donc à le dessiner en sa grandeur naturelle ou finie. Chaque ligne en grand , qui aura une même déclinaison du plan vertical , sera tirée parallele à celle, que l'on mene du point v dans le même dégré de l'horison , & par là on déterminera la mesure des angles & celle des lignes de la surface principale.

7. Si du point v on tire une perpendiculaire sur C D , elle y coupera le dégré de la déclinaison de l'objet du plan vertical , & par là on trouve sa situation à l'égard de la table & le côté du point de vue. La déclinaison est égale à l'angle, que P Q forme avec la droite tirée de Q dans le point d'intersection de cette perpendiculaire & de l'horison.

8. Si de l'œuil on tire des droites dans ce même point d'intersection & dans le point v, elles formeront dans l'œuil un angle égal à son élevation audessus de l'horison.

§. 254. Il n'y a ici que deux points, qui déterminent la position de l'œuil , puisque son éloignement etant supposé infini , sa distance ne varie pas. Premièrement il faut trouver le côté , du quel l'objet doit se présenter à l'œuil. Et il est clair , *que ce sera celui,*

K 4

celui , où l'on decouvre toutes les parties de l'ob-
jet , que l'on veut faire paroître dans le deſſin
préferablement aux autres , & d'une manière plus
developpée , enſorte qu'elles ne ſoient point cou-
vertes par d'autres moins intereſſantes. On remarquera aiſément , que cette limitation du
choix de ce côté n'eſt pas ſi étroite , comme celle que nous avons donnée dans la ſeconde Section pour un point de vue , dont
la diſtance n'eſt point infinie. (§. 67.) Car
dans ce cas il falloit auſſi avoir égard à ce
que les objets , que l'on vouloit faire paroitre le plus , ſoient auſſi les plus proches , &
qu'un trop grand éloignement ne les rende
pas imperceptibles par la petiteſſe apparente,
qu'il faudroit leur donner dans le tableau.
On n'a pas beſoin ici de cette reſtriction,
puiſque les differentes diſtances des parties de
l'objet entre elles ne ſauroient ſe comparer
à celle de l'œuil , & que par là elles ne
changent point à cet égard de grandeur apparente.

§. 255. Le ſecond point , qui détermine
la poſition de l'œuil , c'eſt ſon élévation audeſſus de l'horiſon , ou audeſſus de la ſurface
que l'on veut deſſiner. On l'exprime par
un angle , comme celle des aſtres , puiſque
ſa diſtance etant infinie , on ne ſauroit y appliquer l'échelle , dont on ſe ſert pour les
parties de l'objet. Cette élévation de l'œuil
ſe détermine ſuivant l'objet que l'on veut deſſiner. Si cet objet n'eſt qu'une ſimple ſurface , on y place l'œuil perpendiculairement,
& le deſſin ſe change en un plan géometral,

où

où la perspective n'est d'aucun usage , puisqu'il n'y a guere de raisons , qui demanderoient une position oblique & infiniment éloignée du point de vue, lorsqu'il ne s'agit que
de dessiner une simple surface.

§. 256. La projection orthographique est
destinée pour des corps , qui par consequent
ont trois dimensions. Si un corps se trouve
élevé sur la surface , on ne verroit point ses
côtés , en élevant le point de vue perpendiculairement sur le plan de la surface. De
même on ne découvriroit rien de sa base ou
de sa surface superieure , si on ne donnoit
point d'élevation à l'œuil. Ces deux posi-
tions du point de vue sont vicieuses, desque
ces parties doivent se présenter sur le dessin.
Il faut donc élever le point de vue ensorte , que
les côtés & la base de même que le dessus du
corp se présente également, ou que ces parties pa-
roissent plus ou moins , suivant qu'elles seront plus
ou moins interessantes.

§. 257. Toutes les lignes de l'objet, qui
sont paralleles à la table , y conservent leur
longueur naturelle, quelle que soit la position de l'œuil. Si donc la table est perpendiculaire sur la surface, il y en aura deux
sortes , qui sont fort fréquentes. 1°. Celles
qui sont élevées perpendiculairement sur le
plan de la surface. 2°. Celles qui sont paralleles à la ligne de terre. (§. 252.). Toutes
les autres lignes de la surface changent de
grandeur , en changeant la position du point
de vue.

K 5   §. 258.

§. 258. Si l'objet se trouve dans le plan vertical, & que l'élevation de l'œuil est de 45 dégrés, toute la surface se présentera sur la table verticalement élevée, dans sa grandeur naturelle, de même que tous les angles & toutes les lignes, qui s'y trouvent (§. 27. 135. 253. n. 5. 6.) Si donc il ne faloit dessiner, que la surface & les figures qui s'y trouvent, le dessin ne differeroit point du plan géometrique. Mais désqu'il s'y trouve des corps, il est clair que leur hauteur se dessinera par des droites paralleles, & perpendiculaires à la ligne de terre, & qui sont égales à celles de l'original. Voici donc le cas, où la perspective cavalliere à lieu. En prenant le plan d'une ville ou d'une forteresse, tel qu'on l'a levé géometriquement, on y dessine toutes les maisons & tous les ouvrages, en tirant des paralleles de chaque point du plan, & en leur donnant la longueur, qui repond à leur hauteur, en la prenant sur la même échelle, qui a servi pour le dessin du plan. On peut executer la même projection d'une autre maniere. Pour cet effet on supposera la table parallele à la surface, & il est clair, que tout ce qui s'y trouve, se présentera sur la table de la même façon, que dans le plan géometral, independement de la position de l'œuil. Mais en donnant à l'œuil une élevation de 45°, les droites perpendiculaires sur la surface, etant projettées sur la table, y gardent leur longueur naturelle, & comme elles s'y représentent par des paralleles,

les, il est évident, qu'on aura le même dessin, que dans le premier cas.

§. 259. Les limites de la vue distincte, que
nous avons déterminées dans la 2e Section
pour d'autres dessins (§. 70. & suiv.) déviennent inutiles dans les cas, dont il s'agit ici,
puisqu'elles ne servoient, que pour donner
au point de vue un éloignement suffisant.
Mais ici cet éloignement est infini. Il en est
tout autrement de la distance de l'œuil de la
table, que nous avons déterminée cy dessus,
afin que l'œuil s'y trouvant, le tableau ait son
apparence naturelle. Et c'est aussi le but du
peintre, qu'il doit se proposer. Mais dans
les cas, où le point de vue est infiniment
éloigné, ce but ne sauroit avoir lieu.

§. 260. Car il est évident, qu'un objet
dessiné d'un point de vue infiniment éloigné,
doit nécessairement paroitre infiniment petit,
& c'est aussi cette petitesse, que nous lui
avons supposée dans le §. 253. afin d'en dé-
duire les loix de la projection. Cette apparence, qui seroit imperceptible, se dessine
néanmoins en grand, desorte, que l'œuil,
pour le contempler de son véritable point de
vue, devroit s'éloigner à l'infini. Ce seroit
autant que si on obligeoit le Spectateur à n'y
rien démêler. Il est vrai, qu'en ne dessinant
que les insectes, des petits instrumens & d'autres objets, qui font assez petits pour qu'on
puisse supposer comme paralleles les raïons,
qui en tombent dans l'œuil, le dessin pourra
encore garder un air naturel, puisque l'œuil

en

en fera affez éloigné, pour confondre des raïons paralleles avec ceux, qui ne forment qu'un très petit angle.

§. 261. Mais quand on fe fert de la projection orthographique pour deffiner des machines plus grandes, des villes entieres, des forterefles, &c. l'apparence naturelle ne pourra pas être le but principal, qu'on s'y propofe. Mais outre que la facilité qu'on trouve dans l'execution de ces deffins, contribue beaucoup à les rendre fort ufités, il y a encore un autre but principal, c'eft la clarté & la netteté qu'on veut donner à toutes les dimenfions de l'objet, & c'eft dans cette vue qu'on s'en fert pour la projection des corps, comme on fe fert du plan géometrique ou du profil, pour repréfenter des furfaces, plutot dans le deffin d'expliquer fes idées, que dans celui de repréfenter l'apparence perfpective. Cependant fi j'ai dit que la facilité de l'execution a fait préferer ces fortes de projections, il ne faut point étendre cet avantage jusques fur les regles, que j'ai developpées dans cet ouvrage, puisqu'on trouvera, que moïennant la *géometrie perfpective*, que j'y ai introduite (§. 30. 36. 42. 148.) toutes les autres projections font auffi faciles, que la cavaliere, dont il s'agit ici, & on n'aura, pour s'en convaincre, qu'à les comparer enfemble.

§. 262. Afin d'en donner les regles, refolvons le problême, qui fervira de préparation.

ration. Il s'agit de décrire le Transporteur,
& la position du point v, qui représente
l'apparence infiniment petite de l'objet. Ces
deux points etant déterminés, le dessin,
qu'on se propose, s'executera en grand.

PROBLEME 16.

§. 263. *Tracèr le Transporteur, pour la sur-*
face des angles, & déterminer la position du
point qui représente l'image infiniment petite.

SOLUTION.

1. Tirez l'horison CD, & marquez y le F. 26.
point de l'œuil P.

2. Du point P abaissez une perpendiculaire PQ, d'une longueur arbitraire.

3. Que PQ soit le raïon, avec lequel
vous décrirez le Transporteur suivant
les regles du 1. Problême (§. 32.)

4. Faites l'angle EQP égal à la déclinaison de l'objet du plan vertical (§. 253.
n. 7.) & tirez EF perpendiculaire sur
l'horison CD.

5. Prenant PE pour le raïon faites EF
égale à la tangente de l'élévation de
l'œuil. (§. 253. n. 8.) & le point F sera
l'apparence infiniment petite de l'objet.

§ 264. Nous présupposerons cette préparation, dans les problêmes suivans, tout
comme nous l'avons fait dans la premiere
Section à l'égard du 1. Problême. Du reste
le raïon QP etant ici arbitraire, on pourra

se

fe fervir du Transpoorteur **CD** pour toute forte de deffins.

PROBLEME 17.

§. 265. *Mefurer un angle propofé* b a c.

SOLUTION.

1. Du point F tirez des droites FM, FN parallèles aux deux côtés a b, a c, jusqu'à l'horifon CD.

2. Comptez les dégrés entre M & N, qui fera le nombre de ceux, que l'angle b a c contient dans l'original (§. 253. n. 6.)

§. 266. Ce Problème comprend encore les deux cas, rapportés dans le §. 34. & qui fe détermineront facilement en comparant la Solution avec celle du fecond Problème. (§. 33.)

PROBLEME 18.

§. 267. *Une droite* a b *etant donnée de pofition, y tracer un angle d'une grandeur donnée.*

SOLUTION.

1. Du point F tirez F M parallele à a b.

2. Comptez de M en N le nombre des dégrés que l'angle propofé doit avoir, p. ex. 90.

3. Enfin tirez une droite FN, & une autre a c par le point a, qui lui foit parallele, & b a c fera l'angle qu'il faloit deffiner en perfpective. (§. 253. n. 6.)

PRO-

PROBLEME 19.

§. 268. *Mesurer une droite quelconque proposée.*

SOLUTION.

1. Les droites l m, s t, r n, z v, paralleles a l'horifon C D confervant fur le deffin leur longueur naturelle, elles pourront être mefurées fur l'échelle naturelle.

2. Mais fi la ligne propofée n'eft point parallele à C D, comme p. ex. a b, tirez a i parallele à C D, F M à a b.

3. Portez la diftance Q M de M en L, joignez F, L, & en tirant b i parallele à F L, vous aurez a i, & cette ligne, portée fur l'échelle naturelle, y donnera la longueur de celle, dont a b eft l'apparence. (§. 135. 253. n. 6.)

§. 269. Ce Problême eft fujet à la même prolixité que le huitieme (§. 51.). Tachons d'en racourcir l'operation, en montrant quelque moïen plus facile. Pour cet effet nous obferverons:

1. Que C P D repréfente un horifon infiniment éloigné, fur lequel les droites a b, a c prolongées, fe terminent dans les mêmes dégrés, que coupent les droites paralleles F M, F N fur C D.

2. Qu'il eft indifferent, de quelque part que l'on trace la figure, puisque chacune de fes lignes fe détermine par un fimple parallelisme, en ce qu'on les fait paral-

paralleles à celles, que l'on tire du point
F dans les dégrés de leur déclinaison
fur CD.

3. Que par confequent un pourra placer
le point a en F , & deffiner la figure
comme elle eft deffinée en a. Ou bien
que l'on pourra prendre un Transporteur mobile , en forme d'inftrument,
auquel foient attachées des regles PQ,
EF. On placera ce Transporteur en
forte que le point F fur la regle EF
tombe fur le point a , duquel il faut tirer des lignes ou les mefurer. Il eft
clair que le Transporteur doit toûjours
garder une pofition parallele à CPD.

§. 270. Cet inftrument fervira à rendre fuperflues plufieurs des lignes paralleles que le
Problême précedent demandoit. On pourra
le rendre fort propre pour cet ufage de la
maniere fuivante.

1. Les deux regles CPD, PQ ajuftées
l'une à la l'autre perpendiculairement,
garderont leur longueur, & le Transporteur fur CD pourra y être gravé.
(§. 264.).

2. Parcontre la regle EF doit être mobile
en forte , qu'étant coulée le long du
Transporteur CD, elle y refte toûjours
perpendiculaire, puisque les deux points
E, F varient fuivant la diverfité du deffin.

3. Cette regle EF paffera par une quatrieme regle, qui lui eft perpendiculaire,
&

& qui repréfentera l'échelle naturelle, qu'il y faut marquer enforte, que le deffin étant achevé, on puiffe l'effacer.

4. Enfin on coulera un anneau mobile à la regle CD, auquel on attachera un fil, enforte que l'anneau etant placé fur un dégré quelconque L de l'horifon CD, on puiffe étendre le fil pardeffus le point F, qui fervira à divifer les droites qui ne font point paralleles à l'horifon, telle que p. ex. a b.

PROBLÊME 20.

§. 271. *Conftruire une échelle univerfelle pour mefurer les lignes d'un deffin.*

SOLUTION.

1. *Cas.* Si la figure eft compofée de rectangles, dont les côtés font paralleles & perpendiculaires les uns aux autres.

1. Tirez deux des côtés qui forment l'angle droit d'un rectangle.

2. Déterminez la longueur de chacun par le Problême précedent.

3. Divifez chacun en ce nombre de pieds que vous lui avez donné. Et vous aurez deux échelles, qui ferviront pour mefurer toutes les lignes paralleles à ces deux côtés. C'eft ainfi qu'aiant divifé a b, a c, l'échelle qui fe trouve fur a b fervira pour les droites c d, g f, e h; & celle qui eft fur a c pour les droites e f, b d, h g.

L   *2. Cas.*

2. *Cas.* Si les lignes , qu'il faut déterminer, ont une direction quelconque.

1. Chaque ligne tirée du point F jusqu'à l'horifon , p. ex. F M doit être divifée en autant de pieds, qu'en a la droite Q M , tirée dans le même point M, etant mefurée fur l'échelle naturelle, puisque leur longueur croit comme les fécantes des angles de leur déclinaifon.

2. On conftruira donc l'échelle naturelle fur P Q , & on y portera Q M pour trouver le nombre de pieds , que cette droite aura.

3. On notera ce nombre fur les parties égales du compas de proportion , & on y portera la droite F M, pour lui donner fon ouverture requife. Ce qui etant fait on pourra divifer F M & toutes les lignes , qui lui font paralleles.

§. 272. Si la ligne , qu'il faut mefurer, eft perpendiculaire fur le plan principal, il n'y faudra d'autre échelle , que la naturelle. Du refte comme on fe fert de la projection orthographique particulierement dans ces cas, où la figure , que l'on veut deffiner, confifte en plus ou moins de rectangles , nous avons cru devoir traiter ce cas féparement dans le Problême , que nous venons de propofer. Communement on deffine ces figures enforte , que l'un de leur côté p. ex. 1m eft parallele l'horifon , afin qu'on puiffe en déterminer la longueur en ne fe fervant que de l'échel-

l'échelle naturelle. Et comme dans ces cas
on fe fert plutot du deffin pour inftruire,
que pour le faire paroitre naturel (§. 260.
261.) on ne fe met pas fort en peine pour
trouver la pofition de l'œuil, mais on fe
fert d'une voie plus courte, & qui eft très
facile, dans le cas, où la figure n'eft compofée que de plufieurs rectangles. Voici les
regles, que l'on obferve.

1. Si p. ex' il faut deffiner un vafe, tel
que m z; on tirera le côté l m, qui
doit fe préfenter en front, d'une longueur arbitraire, ou prife fur une échelle,
qu'on y a conftruite, & dont on fe fert
auffi pour déterminer la hauteur l s, m t.

2. Le côté l r fe trace enforte, que 1°. il
fe préfente affez diftinctement à l'œuil,
2°. qu'on puiffe encore voir diftinctement le deffus s z v t, & que 3°, la figure de s z v t ne préfente point un
rhomboïde trop tordu. Ce qui peut
toûjours s'executer en faifant l'angle
r l y de 40 à 50 dégrés.

3. On déterminera la longueur de l r,
& celle des droites, qui lui font paralleles, foit en fe fervant de l'échelle naturelle, où en conftruifant une autre,
fuivant qu'on veut donner plus ou moins
d'étendue aux furfaces l z, z t. Cette
échelle eft purement arbitraire, & on
trouvera toûjours un point de vûe infiniment éloigné, qu reponde à ces deux
échelles.

L 2   4. Les

4. Les côtés l m , l s , l r étant déterminés,
les autres lignes fe conftruiront par un
fimple parallelisme.

§. 273. Ces regles nous font voir , que
la perfpective cavaliere eft fort arbitraire,
puisqu'on n'a pas befoin de s'atacher à quelque diftance de l'œuil , ou à quelque pofition
du point de vue particuliere. Quand il s'a-
git de deffiner des plans , qui ne font point
paralleles aux côtés r l , l m , on trouvera
leur pofition, comme on auroit trouvé celle
de la diagonale , qui coupe les points l n,
ou les points r m , & on en agira d'une maniere peu differente pour deffiner des plans
inclinés.

§. 274. Mais fi , après avoir deffiné arbitrairement une figure quelconque , on veut
trouver la pofition du point de vue , on in-
vertera les Problêmes précedens. Qu'on ait
deffiné p. ex. le vafe m z. Aiant prolongé l s
arbitrairement, tirez une perpendiculaire p N.
La longueur de r l étant donnée, prenez là
fur l'échelle naturelle, & la portez de l en y.
Joignez l, y, & tirez l G perpendiculaire à
r y. Prolongez r l en p , & abaiffez de p
une perpendiculaire p q, que vous ferez égale
à G P. Enfin joignez les points q, N; & p q N
fera l'angle de déclinaifon du plan vertical.
Regardant q N comme un raïon , N l fera la
tangente de l'élevation de l'œuil.

§. 275. Cette methode fervira , lorsque
l m eft parallele à l'horifon p N, ce qui arrive, quand une droite verticale comme p.
ex.

ex. ls eſt perpendiculaire à lm. Nous ne
nous arrêterons pas à examiner, ce qu'il
faudra faire dans les autres cas, d'autant que
nous traiterons cette matiere plus généralement dans la Section ſuivante.   Donnons cependant encore un exemple, que nous offre
la figure a b c d, en faiſant voir, comment
on déterminera la poſition du point de vue.
Les données, que ce problême exige, ſoient
la longueur de a b, l'angle b a c de 90°, &
l'échelle naturelle.

1. Tirez l'horiſon C D perpendiculaire à
   la droite élevée a e, à une diſtance quelconque, & choiſiſſez un point quelconque F.

2. Tirez a i parallele à C D, portez y la
   longueur de a b, priſe ſur l'échelle naturelle, & joignez i, b.

3. Du point F tirez les droites F M, F L,
   F N paralleles aux côtés a b, i b, a c,
   & la droite F E perpendiculaire ſur C D.

4. Tracez ſur M N un demi-cercle, &
   avec le raïon L M & du centre L un
   autre arc de cercle, qui coupera le demi-cercle en Q.

5. Joignez Q, E, & tirez Q P perpendiculaire ſur C D. l'angle P Q E ſera celui de la déclinaiſon de l'objet du plan
   vertical, & prenant Q E pour le raïon,
   E F ſera la tangente de l'élevation de
   l'œuil.

L 3   §. 276.

§. 276. Le but principal des projections orthographiques etant plûtot d'inſtruire que de repréſenter l'objet dans ſon air naturel (§. 260. 261.) on ſe contente d'y diſtinguer les objets couchés de ceux qui ſont élevés, & d'ombrager differement les ſurfaces, qui ont une poſition differente. La direction de l'ombre eſt par tout parallele, puisqu'il ne s'agit pas ici de la diverſifier, ou de la faire provenir de la lumiere d'une chandelle, ou de quelque autre objet lumineux. Si donc p. ex. le coin f c jette ſon ombre ſuivant la direction c k, la direction de celle de tous les autres objets eſt parallele à cette ligne, & elle peut être déterminée par des triangles ſem- blables & paralleles à f c k.

§. 277. Quoique ces ſortes de deſſins aïent auſſi leurs phénomenes, il n'eſt pas beſoin de nous y arrêter, puisque leur but prin- cipal n'eſt point l'apparence, que les objets pourroient avoir. On les contemple toû- jours hors de leur point de vue, & on doit le faire neceſſairement, ſi on veut y demêler quelque choſe. Dailleurs il ſeroit facile d'ap- pliquer ici les regles données dans la Section précedente, à quiconque veut s'y amuſer.

VIII. SEC.

* *

VIII. SECTION,

Des Regles inverses de la Perspective.

§. 278. La projection perspective d'un objet quelconque préfuppose les quatre *données*
fuivantes.

1. *La ligne horifontale.*

2. *Son point de l'œil.*

3. *La diftance de l'œuil de la table.*

4. *La hauteur de l'œuil audeffus du plan horifontal.*

Auxquelles on peut ajouter encore l'inclinaifon de la table vers le plan géometral. Mais
nous nous bornerons ici aux quatre premieres, en ce que nous fuppoferons la table
verticalement élevée, comme etant le cas le
plus frequent, & nous dirons chaque fois,
comment ce que nous allons examiner, pourra s'étendre aux plans inclinés.

Ces quatre données fuffifent, pour
mettre en perspective un objet quelconque,
par les regles établies cy deffus. Nous avons
fait voir dans la 2e. Section, quelle eft la pofition la plus propre du point de vue, &
par les regles, que nous avons données
pour cet effet, on déterminera ces quatre
points requis pour la projection perspective
d'un objet, moïennant qu'on fixe fon éten-

L 4

due,

due, & qu'on trouve le côté , duquel il
faut fe placer , pour que les parties principales de l'objet puiffent étre repréfentées fur
la table, & qu'elles ne foient point derobées
à la vue par d'autres moins intereffantes.

§. 279. Cette façon de proceder eft la
plus naturelle , & on pourra toûjours s'en
fervir avec avantage, quand le deffin eft encore à faire. Mais il y a des cas , où il faut
recourir à d'autres moïens. Les quatre données , que nous venons d'indiquer (§. 278.)
ne fervant fimplement qu'à mettre les objets
en perfpective , & ne faifant point partie du
deffin , on les y omet entierement , après
qu'on l'a fini , puisqu'elles ne fe trouvent
point dans l'objet , & que par confequent
elles ne doivent non plus y paroitre. Si
donc on trouve un tableau bien entendu , il
fe peut très facilement, qu'on voudroit trouver le point de vue , dont le peintre s'eft
fervi , afin d'en examiner la beauté fuivant
les regles de la perfpective , ou d'aprendre
à imiter fes artifices & à réüffir également.
Mais ceci demande les quatres données; qui
ne fe trouvent plus fur le tableau , & qui
par confequent doivent étre retrouvées. Voici donc *le premier cas*, dans lequel il faut al-
ler comme à rebours , en invertant l'ordre
préfcrit dans la 2ᵉ. Section.

§. 280. *Le fecond cas* eft beaucoup plus frequent. C'eft à bon droit qu'on exige du
peintre , qu'il, deffine fon tableau fuivant
toutes les regles de l'art , afin de ne point
s'expo-

s'expoſer à une critique fondée. Mais quand
il a ſuivi ces regles , & que ſon tableau fait
voir l'objet tel qu'il ſe préſente à l'œuil dans
le point de vue , qu'il a choiſi , ou que la
perſpeſtive demandoit , ce ſêra à ſon tour,
qu'il aura le même droit d'exiger , qu'on le
contemple en connoiſſeur. Il y a nombre
de tableaux, qui ne ſe préſentent bien , qu'é-
tant regardés de leur véritable point de vue.
Il faut donc ſavoir le trouver , ſi l'on veut
les voir dans leur véritable beauté , & y re-
trouver cet air naturel , que le peintre a ſu
leur donner , & qui y eſt ſi eſtimable. (§.
81. 91.) Ceux, qui par une longue pratique ſont dévenus connoiſſeurs des attraits
d'un tableau , ſavent d'abord ſe ranger du
beau côté, & trouver le point de vue que
le tableau demande. Mais les autres , qui
commencent à s'en former des idées , & à
ſe connoitre en tableaux , trouveront beaucoup de ſécours dans les regles , que la perſpeſtive donne pour ce ſujet, & en s'y exer-
çant , ils joindront à leur but , & plus facilement & plus ſûrement. On pourra s'accoutumer à ſe repréſenter les lignes , que
nous tirerons dans les figures , comme etant
tirées ſur les tableaux , & peu à peu on ſe
placera dans leur point de vue , ſans ces
moïens.

§. 281. *Le troiſiéme cas ,* où il faut re-
brouſſer chemin , c'eſt lorsqu'un deſſin per-
ſpeſtif etant propoſé on veut en trouver le
plan géometral. Ce qui ne pourra ſe faire,
ſans qu'on ſache les quatre données rappor-

tées cy deſſus (§. 278.) mais des qu'on les
trouvées , on pourra en lever le plan géometral en bien des cas.

§. 282. Enfin *le quatrième cas* eſt lorſqu'on
deſſine une partie de l'objet arbitrairement
& de la façon , que l'on veut qu'il ſe préſente aux yeux , ce qui pourra ſe faire indépendement de ces quatre données.   Mais
déſque l'on veut pourſuivre le deſſin , & y
ajouter le reſte , il faut les ſavoir trouver
moïennant la partie , que l'on a peinte à
ſon gré.

§ 283. Rangeons encore dans cette Claſſe,
comme un *cinquième cas* , celui , où un objet peint d'après vie , doit être comparé à l'o-
riginal ou au plan géometral , & où l'on
veut trouver l'endroit que le peintre a choiſi,
pour faire le deſſin ; comme p. ex. quand
on veut comparer la vue d'une ville avec la
ville même , ou avec le plan géometrique,
qu'on en a levé.

§. 284. Voici les cinq cas, où s'appliquent
les regles inverſes de la perſpective , que
que nous expoſerons dans la Section préſente.
Nous n'indiquerons pas tous les moïens, dont
on pourra ſe ſervir, ſuivant la diverſité des cas
qui ſe préſentent.   Il y en a un grand nombre , & chaque tableau offre des circonſtances particulieres , qu'on pourra ſaiſir , pour
reſoudre ces problêmes , dont il ne faut point
eſperer une Solution univerſelle.   Nous nous
contenterons d'en rapporter autant qu'il ſuffira,
pour repandre quelque jour ſur ces ſortes de
matie-

matieres, & pour fraïer le chemin, que l'on pourra battre en d'autres cas.

§. 285. Tachons premièrement de deméler les circonstances, que les tableaux nous peuvent fournir, pour parvenir à nôtre but. En comparant les cinq cas, que nous venons de rapporter, on voit aisement, que dans les trois premiers on y est absolument restreint. Dans les deux autres, on connoit outre cela encore la grandeur & la position des lignes & des angles dans l'original même, ou dans le plan géometral. Mais il y a une condition, qui est également necessaire pour tous ces cas, c'est que ces Problêmes démandent absolument, que le tableau soit dessiné suivant les regles de la perspective, & même avec une exactitude suffisante, puisque la solution de ces Problêmes s'y fonde également, & toutes les conclusions, que nous en tirerons, ne seront exactes, qu'autant que le sera cette qualité des tableaux, que nous établissons pour principe. Ce qui etant présupposé, nous examinerons les trois premiers cas, où on n'a d'autres données, que celles, qui peuvent se trouver dans les tableaux. Voïons donc, quelles circonstances ils peuvent nous offrir, pour la solution de nos Problêmes.

§. 286. Celles, qui sont les plus ordinaires & en même tems les plus faciles, sont des lignes & des angles, & d'entre les premières particulièrement les horisontales & parallèles, & d'entre les derniers ce seront les angles droits. Les unes & les autres sont fort frequens, puisqu'il n'y a gueres de tableaux,

bleaux, qui repréſentent des païſages, des
palais &c. où on n'en trouve en grand nombre.   Outre cela il eſt facile de les reconnoitre.   Ce qui eſt d'autant plus néceſſaire,
que dans ces trois cas, on n'a abſolument
d'autres données, que celles, que l'on déduit du tableau.   Si donc on y trouvoit des
lignes inclinées à l'horiſon, ou des angles
aigus & des obtus, on ne pourroit pas devi-
ner, qu'elle eſt leur grandeur véritable, &
c'eſt pourtant ce qu'il faut ſavoir.   Par contre, on ne trouvera gueres d'édifices deſſi-
nés dans le tableau, où il n'y ait auſſi des
lignes parallèles & horiſontales, & des angles
droits.   Commençons donc par ces ſortes
de données, & voïons combien il en faut
ſavoir, pour trouver les quatre points propo-
ſés. (§. 278.)

§. 287.   En préſupoſant, que la table eſt
verticalement élevée ſur l'horiſon, voici les
propoſitions, que la perſpective nous fournit,
& desquelles nous tirerons la ſolution de nos
Problêmes.

I. *Les lignes du tableau, qui repréſentent des*
   droites verticales, font un angle droit avec
   l'horiſon. Si donc on en trouve dans le
   tableau, on en déterminera la poſition,
   de l'horiſon & celle de la ligne de terre.

2. *Toutes les lignes horiſontales & parallèles ſe*
   terminent dans un même point de l'horiſon.
   (§. 18.) Si donc il s'en trouve dans le
   tableau, on déterminera la poſition &
   la diſtançe de l'horiſon de la ligne de
   terre.   3. *Si*

3. *Si l'un des côtés d'un rectangle est parallèle à l'horison ou à la ligne de terre, ou s'il forme un angle droit avec une ligne verticale, l'autre côté de ce rectangle étant prolongé, se termine dans le point principal.* Cette circonstance fournit donc un moïen de trouver ce point.

4. *Si ce rectangle est un quarré parfait, ses diagonales étant prolongées, se termineront de l'un & de l'autre côté du point principal dans le 45ᵉ dégré du transporteur, construit sur l'horison.* Or la distance de ce dégré du point principal etant égale à celle de l'œil de la table, elle en pourra être trouvée.

5. *Si les côtés d'un rectangle ne sont point parelèles à l'horison, on les prolongera, & ils se croiseront en deux points de l'horison, dont l'intervalle contiendra 90 dégrés. Si sur cette distance on dresse un demi cercle perpendiculaire sur la table, l'œil doit se trouver en un point de sa circonference.* (§. 214. 216.)

6. *Si outre ce rectangle on en a un autre d'une position differente, on décrira un second demi cercle, qui croisera le premier dans le véritable point de vue.*

7. *La perpendiculaire menée du point de vue sur la table, ou sur son horison, y tombe sur le point de l'œil.*

8. *Si au lieu de ces deux rectangles on a un quarré parfait, on prolongera ses côtés & une diagonale jusqu'à l'horison, elles s'y termineront*

*mineront en trois points, & leur diſtance
ſera de 45ᵉ. l'un de l'autre.* Par là on
trouvera le point de vue.

9. *Prolonge - t - on auſſi la ſeconde diagonale
juſqu'à l'horiſon, on y déterminera un quatrième point. Si donc ſur ces quatre points
on décrit deux demi cercles, le point de leur
interſection déterminera le point de vue.*

10. *Si le rapport des côtés d'un rectangle eſt
donné, on trouvera l'horiſon, le point de
vue, & le point principal.*

11. *L'horiſon etant donné, on trouvera le rapport entre toutes les parties d'une droite horiſontale, & entre toutes celles qui lui ſont
parallèles.*

12. *Toutes les droites verticales, deſſinées ſur
un plan horiſontal ont une même longueur
depuis leur baſe juſqu'à l'horiſon.* (§. 100.)
On pourra donc les comparer enſemble.

13. *Toutes les droites du plan horiſontal, qui
ſont parallèles à la ligne de terre ou à l'horiſon, ou qui ſont tirées perpendiculaires aux
verticales, peuvent être comparées l'une à
l'autre, & à celles, qui ſont verticales.*
(§. 104.)

14. *Le rapport d'une droite, qui aboutit en
quelque point de l'horiſon, à une droite verticale etant donné, on trouvera ſon centre de
diviſion, & la diſtance de l'œil du point de
l'horiſon, où elle ſe termine.* (§. 107.)

15. *Sait - on le même rapport à une autre ligne,
qui n'eſt point parallèle à la première, on*
                              trouvera

trouvera le point principal & sa distance de l'œil.

16. *Sait-on le même rapport entre trois lignes, qui se terminent dans des points differens de l'horison, on trouvera le point principal, & sa distance de l'œil.*

17. *Si le rapport entre deux parties d'une ligne, & la position des objets verticaux est donnée, on trouvera l'horison.*

§. 288. Ces propositions suffisent, pour faire voir, quelles peuvent être les données, qu'un tableau nous offre, & combien il en faut avoir pour trouver les quatre points proposés. On voit bien, qu'il faudra se servir tantôt des unes, tantôt des autres, & que chaque tableau en pourra fournir de particulieres. Nous avons déja observé, qu'il ne faut point se flatter d'une solution universelle des Problêmes que nous donnerons (§. 284.) & de là il ne sera pas étonnant, quand on trouve des tableaux, où on ne sauroit obtenir son but, du moins indifferement pour tous les cinq cas. Comme plusieurs de ces propositions sont tirées immédiatement des principes établis dans les sections precedentes, nous n'expliquerons que celles, où le moïen, qu'elles nous fournissent, pourra avoir besoin de quelque éclaircissement, & qui donneront des sujets à s'y exercer davantage, à qui veut poursuivre cette recherche. Par ces sortes d'exercices on se familiarisera beaucoup plus avec les loix des projections perspectives, que par les Problêmes directs.

§. 289.

PROBLEME 21.

§. 289. *Si le tableau repréſente l'apparence d'un quarré trouver l'horiſon, le point principal & ſa diſtance de l'œuil.*

SOLUTION.

F. 27.   1. Soit le quarré a b c d, prolongez ſes 4 côtés, juſqu'à ce qu'ils ſe croiſent en m, M, joignez ces deux points & M m ſera l'horiſon, (§. 18.) que vous pro-longerez autant qu'il le faudra.

2. Sur m M tracez un cercle m H M Q, lequel etant ſuppoſé perpendiculaire ſur la table, l'œuil ſe trouvera dans ſa cir-conference (§. 114. 116.)

3. Tirez la diagonale b d juſqu'en n, fai-tes l'arc m H de 90°, & joignez les points H, n, par une droite prolongée juſqu'en Q.

4. Du point Q abaiſſez une perpendicu-laire ſur m N, en P, & P ſera le point principal, P Q la diſtance de l'œuil de la table.

Car les trois points m, n, M doivent for-mer dans l'œuil deux angles de 45°, que les droites a b, d b, c b repréſentent. (§. 216.) Or l'œuil ſe trouvant dans le demi-cercle m b M, il doit voir le point n dans la droite n H, puiſque tirant des trois points m, H, M des droites dans un point quelconque du demi-cercle m b M, elles y formeront des angles de 45°, m H & H M etant de 90.

Autre

Autrement.

1. Après avoir tracé le cercle m b M H, tirez les deux diagonales b d, a c jusqu'à l'horiſon en n, N.

2. Tracez ſur la droite n N le demi-cercle n Q N, qui coupera le premier en Q. Q P ſera la diſtance de l'œuil, & P le point principal.

Car les deux diagonales ſe croiſent perpendiculairement.

§. 290. La première ſolution éclaircit la 8e, & la ſeconde la 9e propoſition du §. 287. Du reſte il eſt aiſé à voir que ſi le quarré a b c d n'étoit point horiſontal, mais qu'il ſe trouvoit ſur un plan incliné, n N ſeroit l'horiſon de ce plan. (§. 184.)

PROBLÈME 22.

§. 291. *Le rapport entre deux côtés d'un rectangle etant donné, trouver l'horiſon, le point principal, & la diſtance de l'œuil.*

SOLUTION.

1. Soit a b c d le rectangle propoſé. Prolongez ſes côtés, jusqu'à ce qu'ils ſe croiſent en m, M, & tirez la droite m M, qui ſera l'horiſon.

2. Sur le diametre m M tracez un cercle m H M Q, dans lequel l'œuil doit ſe trouver. (§. 214. 216.)

3. Sur le même diametre m M décrivez un triangle rectangle m H M, tel que

M   ſes

fes deux côtés m H, H M aïent le rap‑
port que doivent avoir les côtés b c,
a b du rectangle propofé.

4. Prolongez la diagonale b d en n, &
par les points H, n tirez la corde H n Q.

5. Enfin du point Q abaiffez la perpendi‑
culaire Q P fur l'horifon, & vous aurez
le point principal P, & la diftance de
l'œuil de la table P Q.

La demonftration fe fonde fur ce que les
trois points m, n, M doivent former
dans l'œuil les mêmes angles, que a d b,
d b c repréfentent (§. 214. 216.) Le
refte de la demonftration n'eft qu'une
application de quelques propofitions de
la géometrie fort connues. Du refte ce
Probléme fert à expliquer la 10ᵉ propo‑
fition du §. 287. & fi a b c d fe trouvoit
fur un plan incliné la droite m M repré‑
fenteroit l'horifon de ce plan, & la fo‑
lution feroit la même. (§. 184.)

PROBLEME 23.

§. 292. *L'horifon etant donné, trouver le*
rapport entre les parties d'une droite horifontale,
qui s'y termine.

SOLUTION.

F. 29. 1. Soit l'horifon F M, une droite propo‑
fée quelconque a E, prolongée jufqu'à
l'horifon en M.

2. Tirez a e parallèle à F M, & fur l'ho‑
rifon prenez un point quelconque F.

3. De

3. De ce point menez des droites par chaque point B, C, D, E de la ligne propoſée, en les prolongeant jusqu'en b, c, d, e, & les parties aB, BC, CD, DE repréſenteront des lignes proportionelles à ab, bc, cd, de. (§. 85. 135. 182.)

§. 293. Ce Problême éclaircit la 11e propoſition du §. 287. Ajoûtons y encore les obſervations ſuivantes.

1. Si on ne ſait point la poſition de l'horiſon FM, mais ſeulement le point M, dans lequel aE ſe termine, on tirera MF arbitrairement, mais ae lui doit être parallèle.

2. Si la droite aE eſt ſur un plan incliné, M ſera un point de l'horiſon de ce plan, & la ſolution eſt la même.

3. Le point M ſe trouve par les §. 18. & 184.

PROBLEME 24.

§. 294. *Le rapport de deux droites horiſontales à deux droites verticales qui y ſont érigées, etant donné trouver le point principal & la diſtance de l'œuil.*

SOLUTION.

1. Soient les deux droites données AD, ad, les deux verticales AB, ab, & l'horiſon Fm, prolongez AD en M & ad en m. F. 30*

M 2   2. Des

2. Des deux points A, a tirez les droites A C, a c parallèles à l'horifon, & donnez leur la longueur, qu'elles doivent avoir pour être aux verticales dans le rapport donné. (§. 107.)

3. Joignez les points C, D; c, d par des droites prolongées en F, f. Ces deux points feront les centres de division pour A D, a d. Et F M, f m feront la diftance de l'œuil des points M, m.

4. Tirant donc des centres M, m les arcs de cercle h Q, f Q, qui fe couperont en Q, abaiffez de Q une perpendiculaire P Q fur l'horifon, P fera le point principal, & Q P fa diftance de l'œuil.

§. 295. Ce Problème éclaircit la 15e & la 16e propofition du §. 287. que l'on rendra plus univerfelles par les remarques fuivantes.

1. Les deux points A, a fe trouvant fur un même plan horifontal, leur diftance de l'horifon eft égale, & peut fervir d'échelle pour les droites A B, A C, a b, a c. (§. 100. & fuiv.)

2. Si donc on ne favoit que le rapport des droites A D, a d à une feule verticale A B, on pourroit pourtant déterminer a b & a c.

3. On pourroit en venir à bout, encore que B A ne fe trouveroit pas en A, mais fur un autre point quelconque du plan horifontal.

4. En

4. En fuppofant la table verticale, le Problême fe refoudra encore, quand même les droites A D, a d fe trouveroient fur un plan incliné à l'horifon.

PROBLEME 25.

§. 296. *Le rapport entre deux lignes, qui fe terminent en divers points de l'horifon etant donné, tracer l'arc de cercle dans lequel l'œil doit fe trouver.*

SOLUTION.

1. Soit l'horifon G F, les deux droites F données A B, a b, prolongées en M, m.

2. Tirez les droites A C, a c parallèles à l'horifon, en leur donnant la longueur, que le rapport des droites A B, a b demande.

3. Joignez les points C, B & c, b, par des droites prolongées en F, f, & *les parties de l'horifon F M, f m feront en raifon de la diftance de l'œil des points M, m.* (§. 292. 293.)

4. Des centres M, m décrivez avec les raïons M F, f m des arcs de cercles, qui fe croifent en H.

5. Divifez la diftance M m, enforte que le rapport entre les parties coupées M J, J m foit le même que celui entre les raïons M F, m f. Les points J, H fe trouveront dans la circonférence du cercle, qu'il falloit trouver, & dont le centre fera fur l'horifon en G. De ce centre vous tirerez l'arc J H K.

M 3   §. 297.

§. 297. Si outre les deux droites A B, a b, on en a une troifième dont le rapport aux deux premières eft donné, on pourra, en les comparant, encore tirer deux autres arcs de cercle, tels qu'eft J H K. Et ces trois arcs s'entrecouperont en un feul point, qui eft le même, que celui que nous avons défigné par Q dans les derniers Problêmes. La perpendiculaire, qu'on en abaiffera fur l'horifon, y tombera dans le point principal, & elle fera égale à la diftance de l'œuil. Du refte ce Problême ne pourra s'appliquer, que fort rarement; & nous ne l'avons refolu ici que parce qu'on y trouve la propofition, que *fi, en retenant le rapport entre les droites* A C, a c *on leur donne arbitrairement une longueur quelconque, les droites* M F, m f *feront toûjours en raifon de la diftance de l'œuil des deux points* M, m, *dans lesquels les droites* A B, a b *fe terminent.* Mais pour tracer le cercle J H K, il faut les faire au moins affez grandes, pour que les deux arcs de cercle en H puiffent encore fe croifer, ce qui arrivera fi les deux raïons F M, f m joints enfemble font plus grands que M m.

§. 298. Ce dernier Problême & la remarque, que nous y avons ajoutée (§. 296. 297.) fervent à éclaircir la 16e propofition du §. 287. La démonftration fe tire de ce, qu'en augmentant & diminuant proportionellement les droites A C, a c, les rapports entre A C, F M & entre a c, f m feront conftans, & que par conféquent les parties F M, f m de l'horifon croitront & décroitront en même raifon son comme A C, a c. Mais dans le cas que ces deux lignes A C, a c ont leur véritable longueur, F M, f m l'auront aussi, & seront égales à la distance de l'œuil des points M, m. Donc dans les autres cas elles lui seront proportionelles. D'où il suit, en conséquence d'une proposition géometrique assez connue, que tous les points, dans lesquels l'œuil pourra se trouver, seront dans la circonference du cercle J H K construit par les regles de ce Problême. Eclaircissons encore la derniere proposition du §. 287.

PROBLEME 28.

§. 299. *La position des droites verticales, & le rapport entre deux parties d'une droite, qui aboutit à l'horison etant donnés, trouver l'horison.*

SOLUTION.

1. Soïent A B, B C les deux parties de la droite proposée, & A D une verticale donnée de position; l'horison passera perpendiculairement par A D. F. 32.

2. Tirez A c perpendiculaire à A D, & faites le rapport entre A b & b c égal à celui, qui est donné, & qui est entre les parties, dont A B, B C sont l'apparence.

3. Par les points b B, c C menez des droites, prolongées jusqu'au point F, où elles s'entrecoupent.

4. Par le point F tirez une droite perpendiculaire sur A D, & vous aurez l'horison

son MD, & M le point, dans lequel
A C se termine.

§. 300. Ce Problême s'appliquera également, lorsque la droite A B C sera sur un plan incliné, mais où la table garde sa position verticale. Dans ce cas D F M sera l'horison du plan incliné.

§. 301. Nous voïons de tous ces Problêmes, comme on pourra s'y prendre pour déterminer l'horison, le point principal & la distance de l'œuil, suivant les differentes données, que les tableaux pourront nous offrir, & que l'on y pourra reconnoître le plus facilement ; s'il est dessiné suivant les regles de la perspective, comme nous l'avons présupposé par maniere d'axiome. (§. 285.)

§. 302. La raison, pourquoi ces données se déterminent plus aisément, & qui les rend plus frequentes ; se tire principalement de la nature & de la coutume introduite par l'architecture & par la perspective. Nous allons le faire voir plus en détail.

　1. Les tableaux se peignent presque tous ensorte, qu'etant quarrés, les bords en sont parallèles & perpendiculaires à l'horison, à la ligne de terre, & aux objets élevés verticalement, & voici ce qui détermine la position de ces lignes comme de soi même.

　2. Les droites verticales sur le plan horisontal sont perpendiculaires à l'horison du tableau, dèsque pour le dessiner, on
　　　　　　　　　　　　　　　　　lui

lui a donné une poſition élevée perpendiculairement ſur le plan géometral.

3. Il y a nombre de tableaux repréſentant
des païſages, où une plaine ou une mer
éloignée indique l'horiſon comme d'elle
même.

4. L'architecture & la ſymetrie démandent, que les maiſons ſe batiſſent enſorte
que leurs parties ſont horiſontales ou verticales. Toutes ces circonſtances aident
à trouver l'horiſon, & le transporteur,
qu'on y doit conſtruire. (§. 292. n. 1. 2.)

5. Si le tableau repréſente des édifices, le
cas le plus ordinaire eſt celui, que l'un
de leurs côtés ſe préſente en front, enſorte qu'il eſt parallèle à l'horiſon. Or
les angles des coins etant droits, il eſt
néceſſaire, que les droites horiſontales
de l'autre côté ſe terminent dans le point
principal. (§. 80. 287. n. 3.) C'eſt un
moïen aſſés ordinaire de le trouver.

6. Le rapport entre la longueur de differentes lignes ne ſe découvre pas ſi aiſément, qu'en tant qu'on peut conclure
qu'il s'y trouve une certaine regularité,
ou une ſymmetrie architectonique, comme ſi p. ex. les étages ſont d'une même
hauteur, ſi les fenêtres ont une largeur
& une diſtance égale d'un côté comme
de l'autre, &c. Par là on trouvera ſoit
exactement, ſoit à trés peu de près, le
rapport entre les côtés d'un édifice, &
on déterminera, ſi ſa baſe eſt un quarré
parfait, ou un rectangle, dont les côtés
ont un rapport, qu'on pourra définir.

N   7. Par

7. Par là on trouvera le point principal & la distance de l'œuil, même dans les cas les moins faciles. (§. 289. 291.)

8. C'est ainsi que le fond d'une galerie pavé de carreaux d'une figure reguliere quelconque, pourra y servir également, puisqu'on en peut déterminer les angles & le rapport entre les côtés.

9. Si le tableau représente des quarrés ou des rectangles de differente position, les points & les lignes que l'on cherche se trouveront simplement par les angles, comme nous en avons donné des exemples dans les problêmes précedens (§.289.291.)

§. 303. Entre les quatre points, que l'on tache de déterminer par ces problêmes, se compte aussi la hauteur de l'œuil audessus du plan horisontal (§. 278.) Elle se trouve facilement, désque l'on a tiré l'horison, puisque chaque point du plan horisontal en est également éloigné (§. 100.) Nous avons fait voir dans la troisieme Section, qu'elle peut servir d'échelle universelle, & nous l'avons emploïée pour cet usage dans les problêmes précedens (§. 294. 295.) Aussi n'en trouvera-t-on point de plus commode, quand il est question de dessiner le plan géometral moïennant le tableau. Il ne faudra plus, que savoir la longueur d'une seule ligne exprimée dans une mesure connue, p. ex. en pieds, en toises.

§. 304. Lorsqu'on se propose en particulier le but du 2e Cas (§. 280.) qui est d'examiner un dessin suivant les regles de la perspective, cette distance du plan horisontal de l'horison y servira preferablement, puisque

par

par là on pourra comparer très facilement les objets qui y font perpendiculaires (§. 101. 102.) & on se trouvera en état de juger , si le peintre à diminué leur hauteur apparente à mesure que ces objets font plus éloignés, où s'il leur a donné une grandeur telle qu'elle feroit , si l'objet se trouvoit plus proche, & flottant dans l'air.

§. 305. Tant que la base ou le terrain est une plaine horisontale, cette regle se pratique fort aisément. Mais si au lieu d'une plaine le tableau présentoit des hauteurs, il en faut encore d'autres , pour en porter un jugement fondé sur des principes , & pour s'accoutumer peu à peu, a pouvoir s'en rapporter au jugement des yeux. En voici quelques unes des plus faciles.

1. *Si le tableau présente des objets , auxquels on peut attribuer une hauteur à peupres égale.* p. ex. des hommes d'une même taille, des arbres &c. Que ce soient p. ex. deux hommes. On prendra la hauteur de l'un d'eux pour l'échelle , sur laquelle on mesurera la distance de ses pieds à l'horison. On en fera de même pour l'autre , & par là on trouvera de combien l'un est sur un sol plus élevé que l'autre. Si donc les autres circonstances du tableau répondent à ces élevations , comme p. ex. le terrain, où ils se trouvent, & les objets placés dans les environs, le tableau aura à cet égard un air naturel. Mais si par contre la couleur plus affoiblie donne l'apparence d'un plus grand éloignement, que ne

N 2   le

le permettroit la mesure trouvée, cet
homme aura l'air d'un géant, ou il paroitra comme suspendu dans l'air plus
voisin.   Du reste il est clair, qu'il faut
savoir distinguer par la taille & par le
port, un homme fait d'un enfant.

2. *Si le tableau présente des objets, dont la*
hauteur peut être comparée, soit exactement
soit à peu près, comme p. ex. des maisons de differens étages.   On en agira
de la même maniere comme dans le
premier cas, puisque le rapport entre
ces objets etant donné, on déterminera
celui de leur distance de la ligne horisontale.   De là on trouvera, s'ils sont
sur un même plan horisontal, & on
pourra juger de leur éloignement, ou
s'ils se trouvent inégalement éloignés,
on déterminera les points du plan horisontal audessus duquel ils sont élevés.
On verra en même tems si ces points
se trouvent encore sur le tableau, ou
s'ils sont audessous de la ligne de terre.

3. On fera des comparaisons semblables entre les objets verticaux & ceux, qui
sont paralleles à l'horison, désque l'on
fait le rapport qui doit naturellement
être entre leur hauteur & leur longueur.

§. 306. Du reste pour juger de la sorte,
il faut avoir égard aux justes limites, que la
nature & l'art y ont posées.   Un homme,
un arbre, un édifice pourra être plus ou
moins grand, qu'un autre.   Jusques là il n'y
aura point d'excès.   Mais il y en aura, lorsque l'on fait paroite un palais comme une
petite

petite loge , un arbre comme un buiſſon , ou que l'on ne donne à un homme de bonne taille que la petiteſſe d'un enfant , ou la difformité d'un nain , ou reciproquement ſi ces derniers ont la grandeur & l'étendue des premiers. Il faut avoir néceſſairement recours aux regles de la perſpective , pour éviter ces diſproportions , mais elles ne ſont pas les ſeules. Elles n'épuiſent point les richeſſes de la peinture , qui s'appropriera toujours l'art du coloris , la netteté dans l'expreſſion des parties , la diſtribution d'un clair-obſcur bien entendu , & genéralement le deſſin de tous les objets , où la regle & le compas déviennent inutiles. Pour juger ſur ces points il faut un exercice aſſez ſemblable à celui , qui eſt néceſſaire pour les peindre. Mais revenons à la perſpective.

§. 307. Après avoir trouvé l'horiſon , le point principal & le point de vue d'un tableau , le but du premier & du ſecond cas (§. 279. 280.) ne demande autre choſe , ſi non , qu'on ſe place dans le point de vue , afin de conſiderer le tableau dans ſon apparence naturelle. Mais ſi dans le premier cas , on veut copier le tableau , il faut ſe ſervir de ces points trouvés ſuivant les regles de la premiere Section. Quant au troiſieme cas (§. 282.) où l'on ſe propoſe de deſſiner le plan géometral de ce que le tableau repréſente en perſpective , il reſte encore à faire làdeſſus differentes obſervations , que nous allons expoſer.

1. Nous avons déjà remarqué , que ce but ne ſauroit être obtenu en pluſieurs cas , &

parti-

particulierement, lorsque le deſſin ne
préſente pas un plan horiſontal, & que
la hauteur de l'œuil n'eſt pas fort grande.

2. Il eſt aiſé à voir, que le Problême,
dont il s'agit ici, eſt ſemblable à celui de
la Géometrie, qui nous enſeigne à lever le plan d'une ſurface horiſontale,
moïennant une hauteur, ſur laquelle on
meſure l'abaiſſement des objets avec un
quart de cercle, & leur déclinaiſon de
la meridienne moïennant la planchette
ou l'aſtrolabe. Ces deux points ſe trouvent dans le tableau, & y ſont repréſentés par les tangentes des angles.

3. Outre cela on préſuppoſe, que le tableau ſoit deſſiné exactement ſuivant les
regles de la perſpective, puiſqu'il doit
tenir lieu des operations géometriques,
dont nous venons de parler.

4. Si toutes les opportunités ſe trouvent
réunies dans le tableau, on tracera le
Transporteur ſur l'horiſon (§. 32.) & ſa
diſtance de la ligne de terre ſervira d'é-
chelle. (§. 100. 303.)

5. Ce qui etant fait, tous les angles ſe détermineront par les regles des §. 214. 216.

6. La déclinaiſon des lignes du plan vertical ſe trouve par le 2me problême
(§. 33. 21.)

7. On pourra prendre deux points ſur la
ligne de terre, & en invertant le 5me
Problême (§. 38.) on déterminera la poſition de tous les points, tout comme ſi
ſi on les méſuroit ſur la ſurface elle même
ſuivant les regles de la Géometrie (§. 39.)

8. S'il

8. S'il fe trouve des objets , qui ne paroiffent point fur la table , en ce qu'ils font
couverts par d'autres plus proches , il
faudra déterminer leur pofition par rai-
fonnement , ou s'en paffer.

9. C'eft ainfi , qu'on pourra la trouver,
lorsque quelques côtés d'une figure etant
donnés , on en peut tirer une conclu-
fion fur la pofition des autres , comme
p. ex. quand on ne fait que deux côtés d'une maifon , qu'on peut fuppofer
être un rectangle , ou quand on a trouvé la pofition de trois points de la circonference d'un cercle , ou enfin quand
on fait un côté & un angle d'une figure
reguliere , il eft évident , que la figure
pourra être achevée.

10. Géneralement parlant la pofition des
objets plus proches fe trouvera plus
exactement que celle des plus éloignés,
puisqu'il s'y trouve les mêmes obftacles
que dans le Problême géometrique , au
quel nous venons de comparer celui,
dont il s'agit ici (n. 2.)

11. Si dans le tableau il y a des plans horifontaux de differente élevation , il faudra les reduire fur un même plan ou bien
on hauffera la ligne de terre , pour lui
donner l'élevation , qui repond à chacun de ces plans.

§. 308. Confiderons encore le dernier cas
(§. 383.) où il eft queftion , de comparer
un tableau avec l'original , ou avec le plan
géometral , & de trouver le côté du point
de vue , & fa diftance. Le principe , dont
                                                on

on pourra fe fervir, c'eft que *tous les objets,
qui font en droite ligne avec le point de vue,
foit dans l'original foit dans le plan géometral, fe
trouvent dans le tableau dans une ligne perpendiculaire à l'horifon*, (§. 219.). Ils y font donc
deffinés comme l'un etant audeffus de l'autre, ou l'un couvrant l'autre.

§. 309. Si donc on trouve dans le deffin
d'une ville, des maifons, des tours, des clo-
chers, placés l'un audeffus de l'autre, on tirera dans le plan géometral ou dans la ville
même des droites par ces édifices, & fi le
deffin eft exact, ces droites fe croiferont toutes dans un point, audeffus duquel le peintre s'eft placé pour deffiner la ville. Il eft
clair, qu'il ne faudra que deux de ces lignes,
& que les autres ne ferviront, qu'à examiner l'exactitude du deffin.

§. 310. L'objet etant peint d'après vie, la
hauteur de l'œuil audeffus de la plaine fe
trouvera facilement, puisqu'on peut fuppofer que le peintre, pour le deffiner, fe fera
placé fur la furface de la terre, ou fur celle
de la montagne, ou dans une maifon, qui
fe trouve du côté du point de vue, déterminé par la regle, que nous venons de donner. Mais fi le deffin n'eft point fait d'après
vie, le côté du point de vue fe trouvera de
la même maniere, & fa hauteur audeffus de
la plaine pourra être déterminée moïennant
les objets, qui fe couvrent. Plus cette hauteur eft grande, plus auffi la furface paroit
développée, & les objets couverts par d'autres, feront inferieurs & plus proches
de ceux qui les couvrent.

F I N.

Fautes à corriger.

§. 13. *ligne* 10. *au lieu de* PS *lisez* PQ.

§. 19. *l.* 5. *au lieu de* QS *lisez* OS.

§. 19. *l.* 8. *au lieu de* PQ *lisez* PO.

§. 21. *l.* 5. *au lieu de* ce *lisez* se.

§. 23. *l.* 3. *au lieu de* DAF *lisez* DAE.

§. 23. *l.* 10. *au lieu de* ce *lisez* a.

§. 32. *l.* 8. *au lieu de* par Q *lisez* par P.

§. 33. *l.* 8. *au lieu de* p. ex. *lisez* p. ex. de.

§. 36. *à la fin au lieu de* 30 *lisez* 31.

§. 37. *Exemple* 1. *au bord mettez* Fig. 3.

§. 37. *Exemple* 2. *lin.* 4. *au lieu de* feh, fei, fek
lisez geh, hei, iek.

§. 45. *l.* 1. *& * 3. *au lieu de* FG *lisez* JL.

§. 49. *l.* 3. *au lieu de* rv *lisez* rq.

§. 49. *l.* 10. *au lieu de* point r *lisez* point s.

§. 80. *l.* 19. *au lieu de* 28. *lisez* 26.

§. 107. *l.* 8. *au lieu de* TS *lisez* RS.

§. 111. *à la fin au lieu de* vers O *lisez* vers N.

§. 131. *l.* 10. *au lieu de* Mn *lisez* Mm.

§. 132. *l.* 4. *au lieu de* qr *lisez* qs.

§. 135. *l.* 15. *au lieu de* tqr *lisez* trq.

§. 138. *n°.* 13. *l.* 11. *au lieu de* lignes *lis.* lignes eg, fh.

§. 138. *l.* 13. *au lieu de* autres *lisez* autres gh, ef.

§. 150. *l.* 13. *au lieu de* Mn *lisez* Mr.

§. 155. *l.* 7. *au lieu de* points m, p *lisez* points m, g.

§. 173. *à la fin pour* FB *lisez* FA.

§. 191. *n°.* 4. *l.* 4. *pour* table *lisez* table, la coupe.

§. 195. *n°.* 4. *l.* 5. *pour* ABb *lisez* NBb.

§. 205. *au bord* Fig. 21.

§. 206. *au bord* Fig. 22.

§. 210. *au bord* Fig. 22.

§. 219. *n°.* 1. *à la fin pour* 13. fig. *lisez* 23. fig.

§. 225. *l.* 9. *pour* Les droites a *lisez* dans l'œuil,
Les droites a d.

§. 247. *au bord* Fig. 25.

§. 274. *l.* 9. *pour* perpendiculaire *lisez* parallele.

§. 274. *l.* 12. *pour* GP *lisez* Gp.

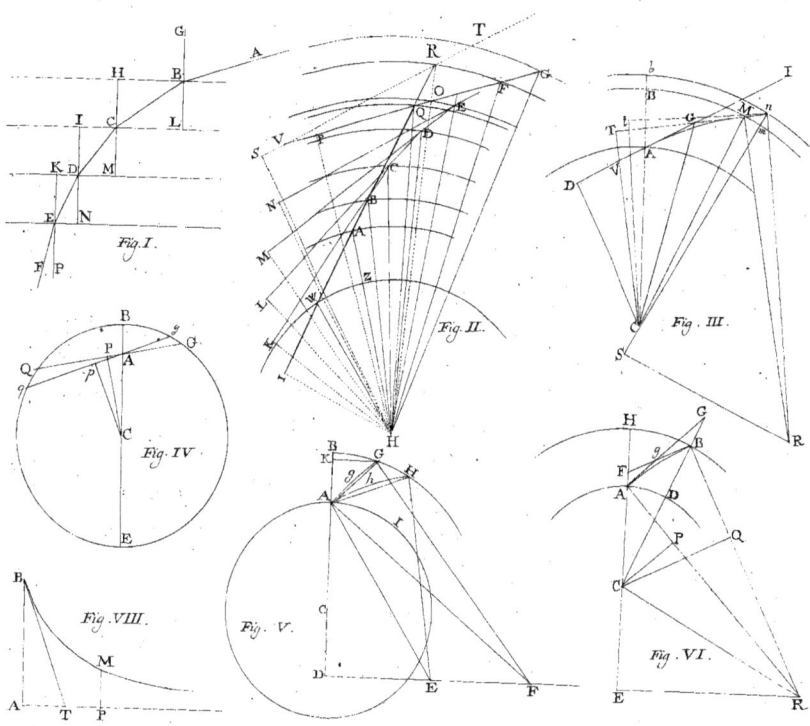

Fig. I.

Fig. II.

Fig. III.

Fig. IV

Fig. V.

Fig. VI.

Fig. VIII.

Routes de la Lumière. Tab. I.

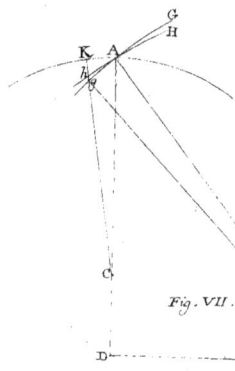

Fig. VII.

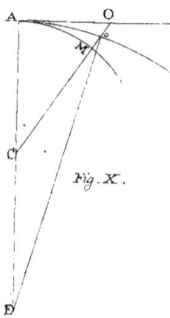

Fig. X.

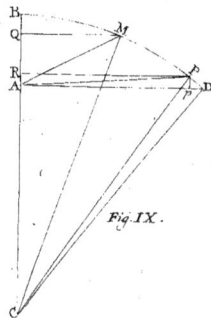

Fig. IX.

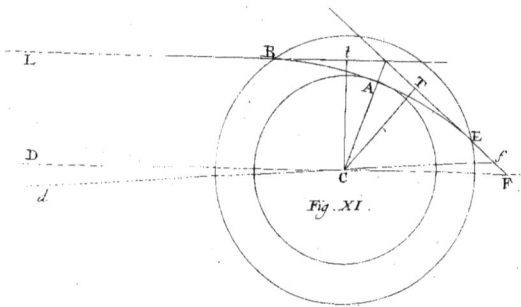

Fig. XI.

Routes de la Lumière. Tab. II.

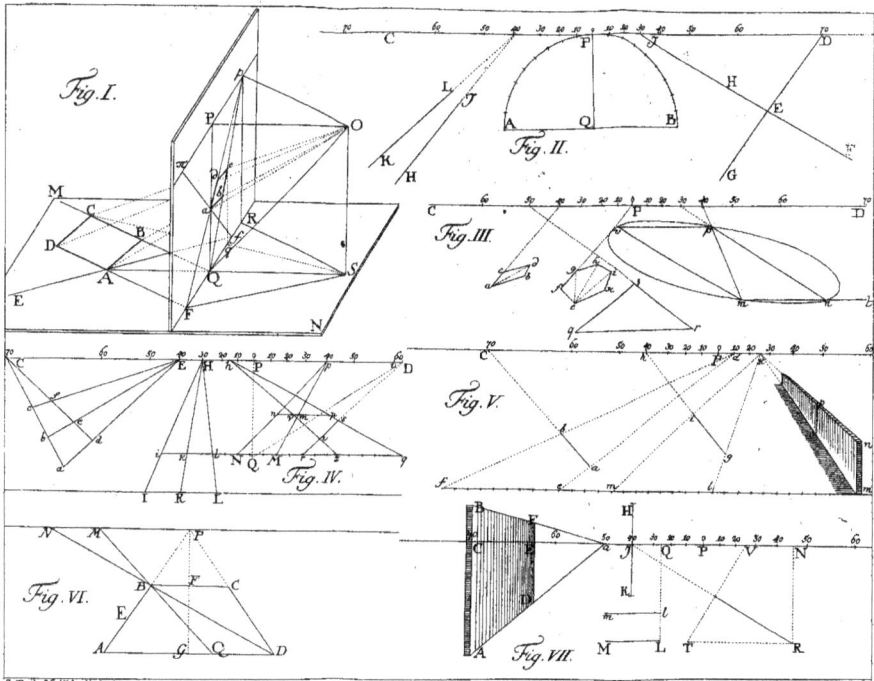

Fig. I.

Fig. II.

Fig. III.

Fig. IV.

Fig. V.

Fig. VI.

Fig. VII.

I. Rod. Holtzhalb sculp.

Tab. I.

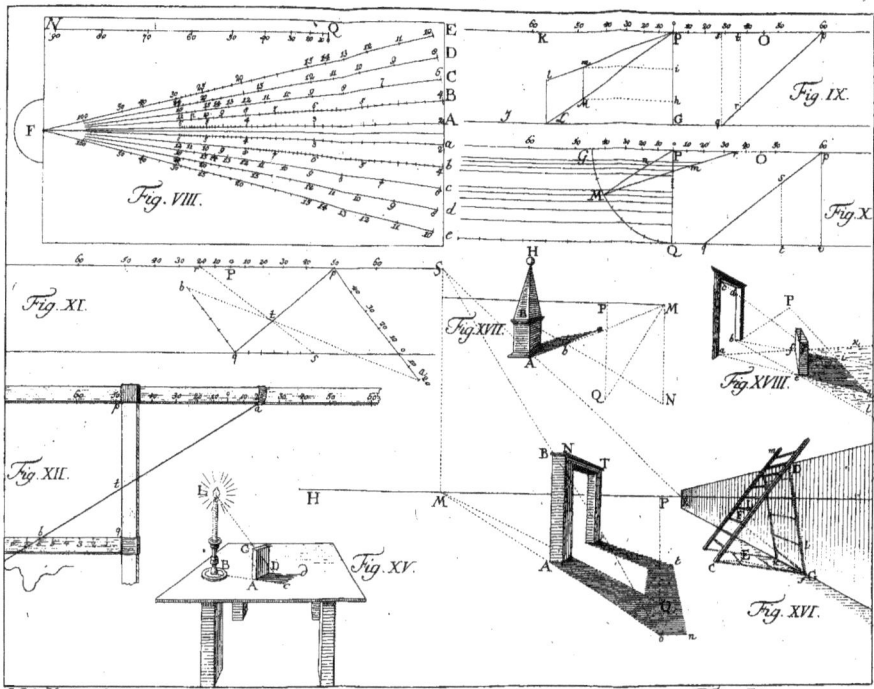

Fig. VIII.

Fig. IX.

Fig. X.

Fig. XI.

Fig. XII.

Fig. XV.

Fig. XVII.

Fig. XVIII.

Fig. XVI.

J. Rod. Holzhalb sculp.

Tab. II.

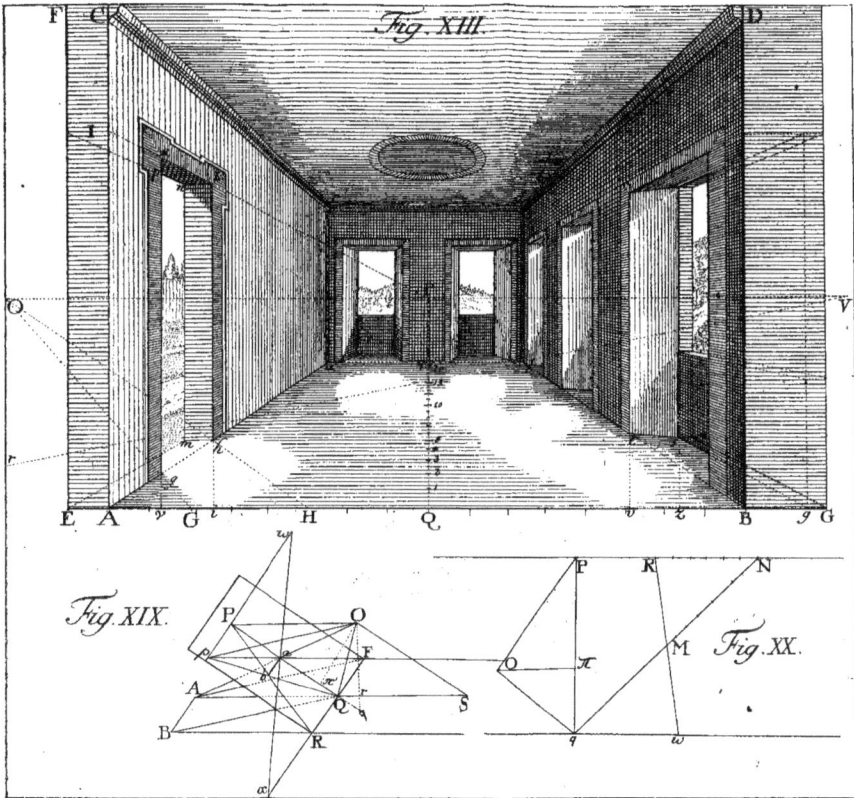

Fig. XIII.

Fig. XIX.

Fig. XX.

Tab. III.

Fig. XIV.

S

a

d

c

V

A   N   B   R   10   20   30   y   40   Q   H   50   60   70   80   90   E   I   F

J.R. Holtzhalb. sculps.

Tab: IV.

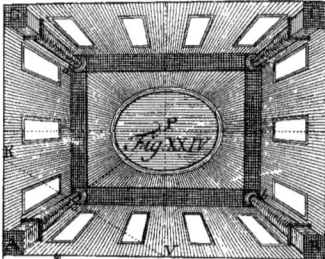

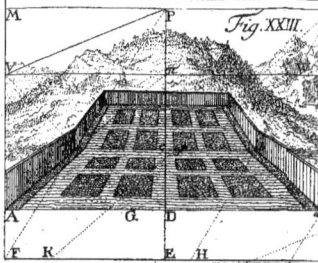

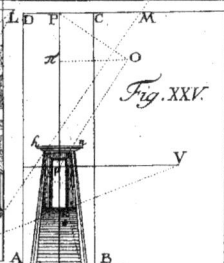

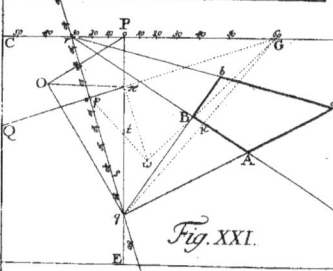

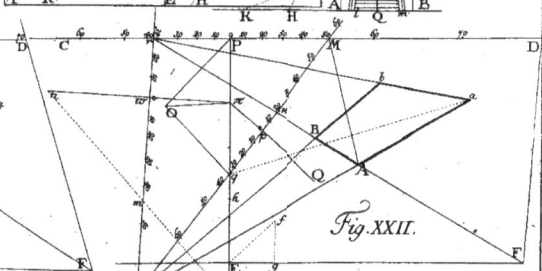

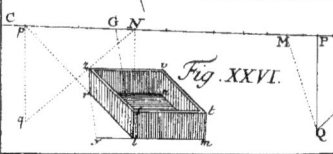

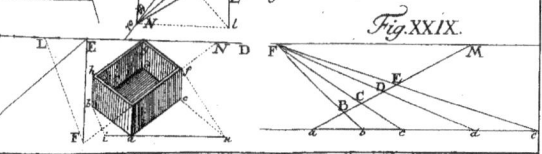

Fig. XXIV.

Fig. XXIII.

Fig. XXV.

Fig. XXI.

Fig. XXII.

Fig. XXVI.

Fig. XXIX.

Tab. V.

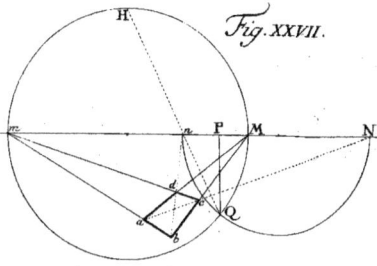

Fig. XXVII.

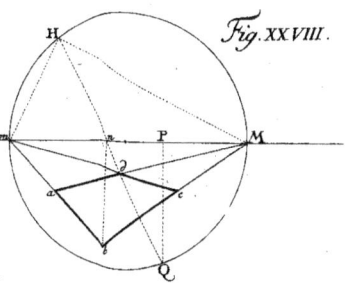

Fig. XXVIII.

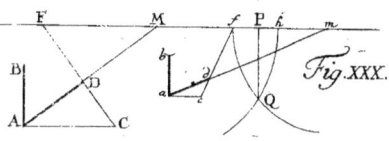

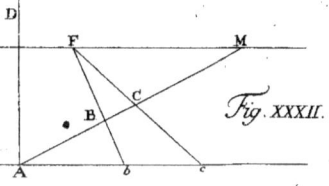

Fig. XXX.

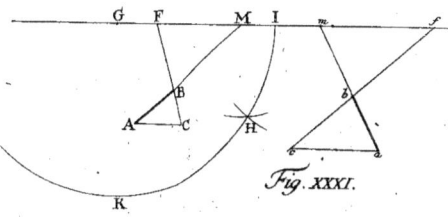

Fig. XXXII.

Fig. XXXI.

Tab. VI.

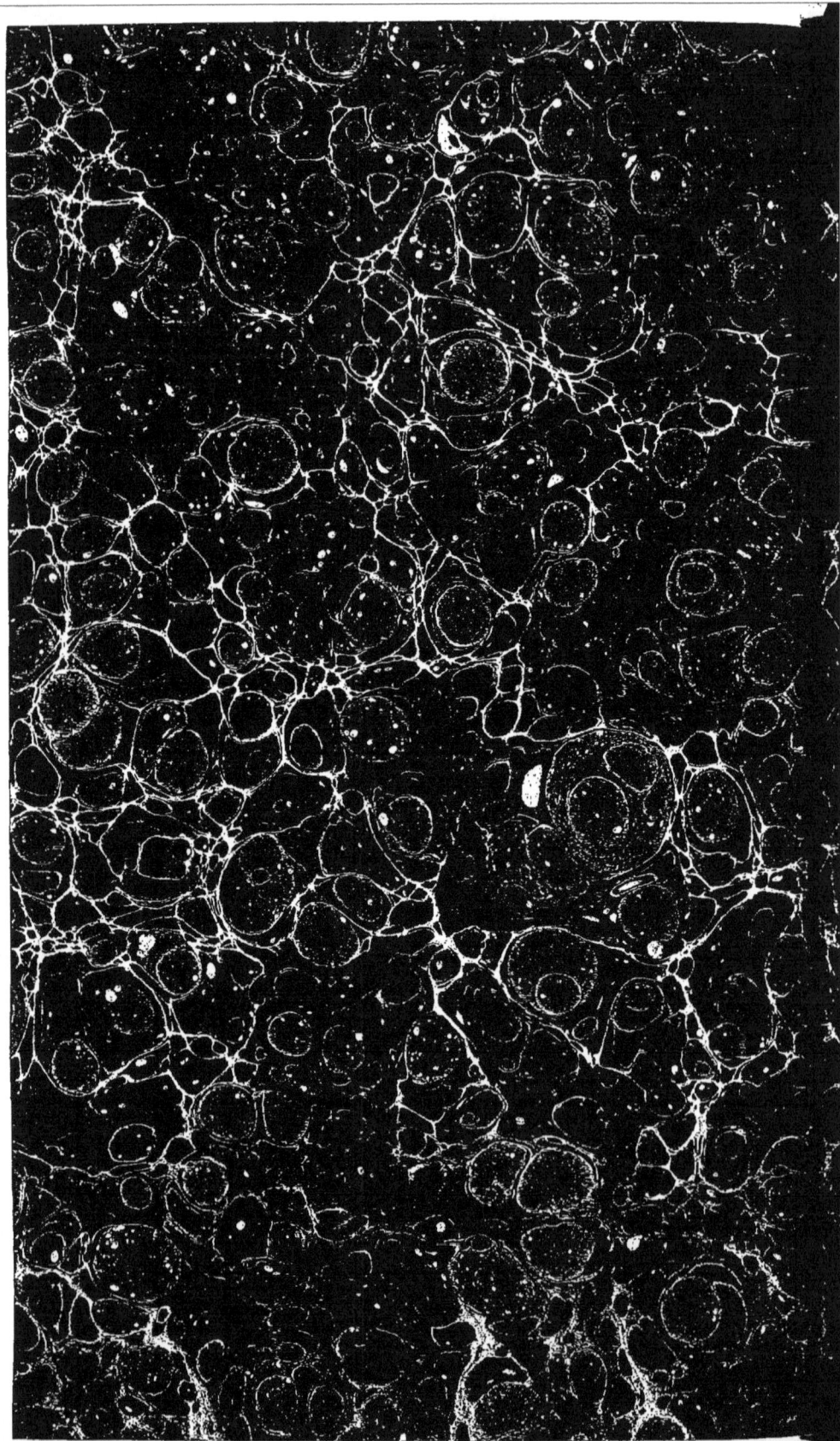

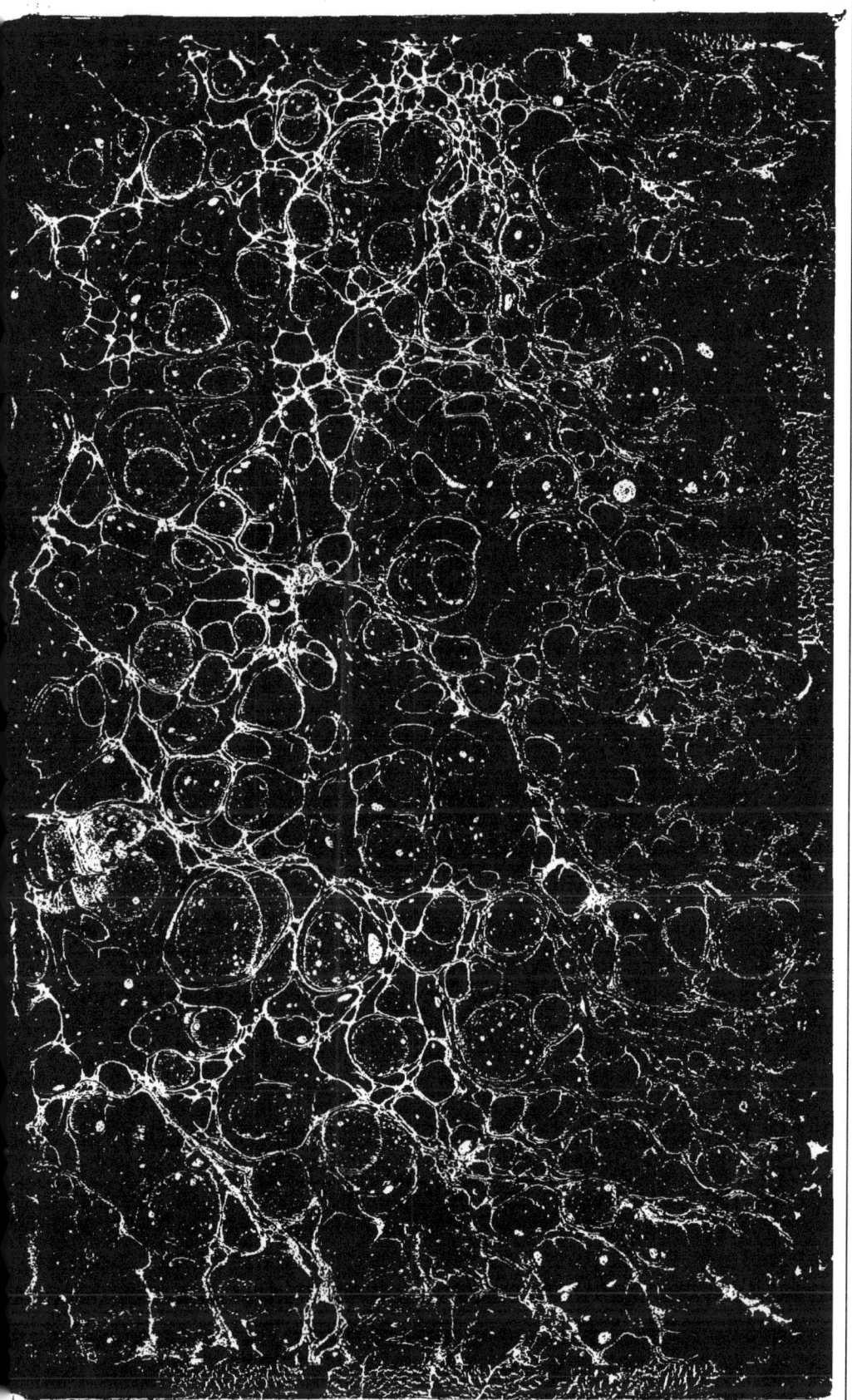

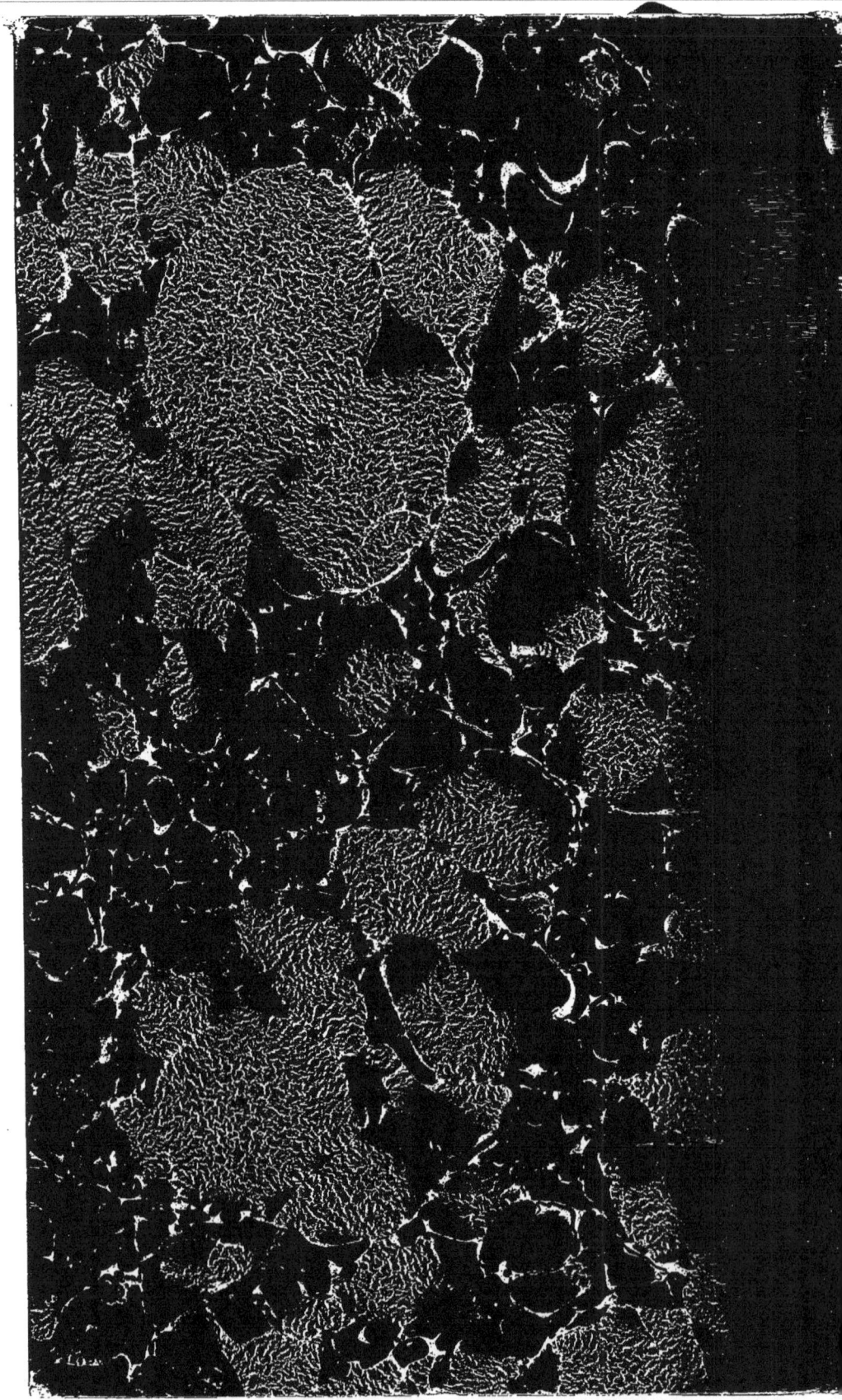